I0045850

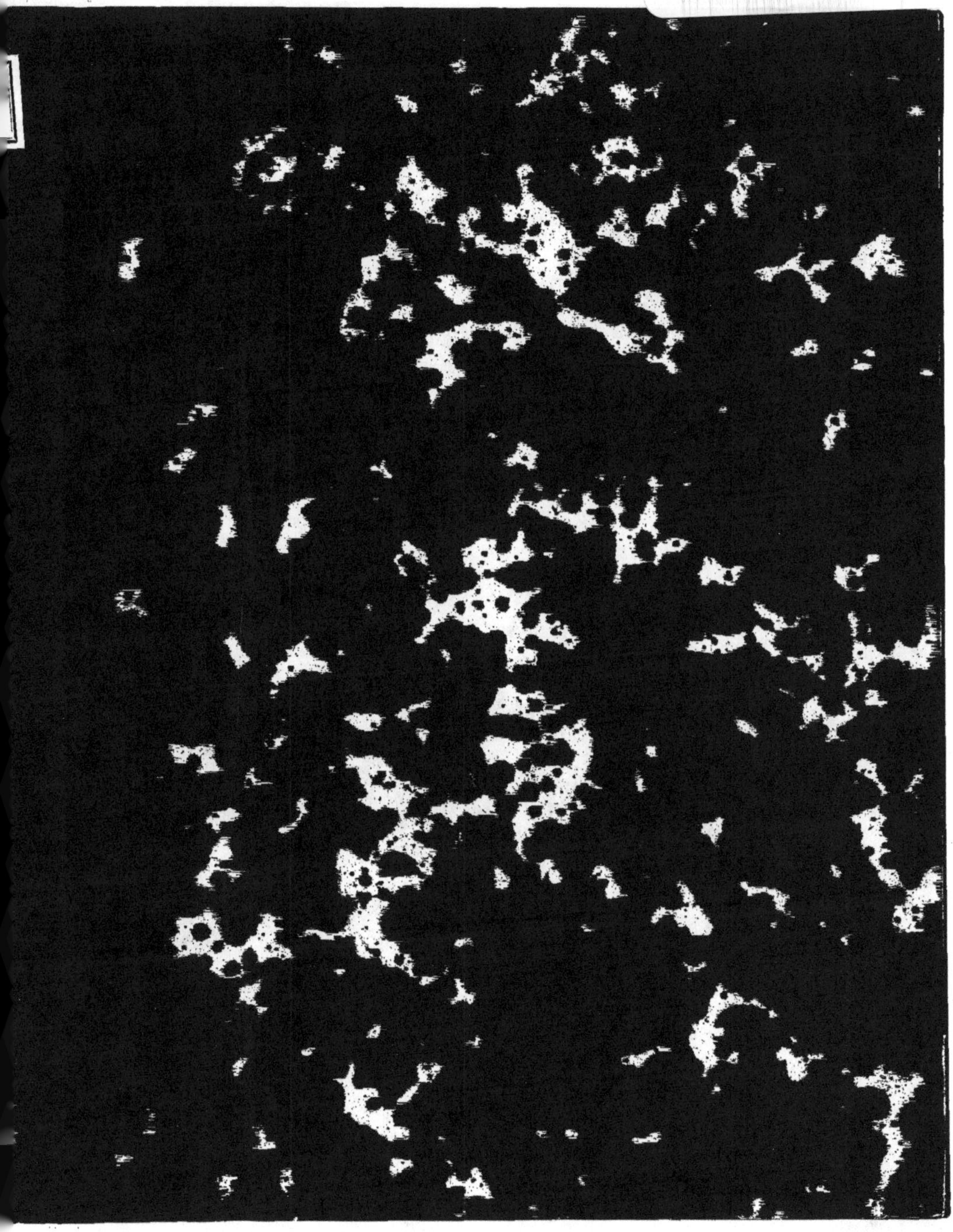

(Édon incomplète)

V

MÉMOIRE

SUR

LE SYSTÈME TÉLÉGRAPHIQUE

NOUVEAU,

UNIVERSEL ET PERPÉTUEL,

POUR LE JOUR ET POUR LA NUIT.

A. Sirou, successeur d'A. Pihan de La Forest et d'A. Egron, imprimeur,
rue des Noyers, 37.

MÉMOIRE

SUR LE

SYSTÈME TÉLÉGRAPHIQUE

NOUVEAU,

UNIVERSEL ET PERPÉTUEL,

POUR LE JOUR ET POUR LA NUIT,

PAR

ENNEMOND GONON.

(Lu par l'auteur à l'Académie des sciences le 12 février 1844.)

PARIS,

SIROU, IMPRIMEUR-ÉDITEUR,

RUE DES NOYERS, 37.

1844

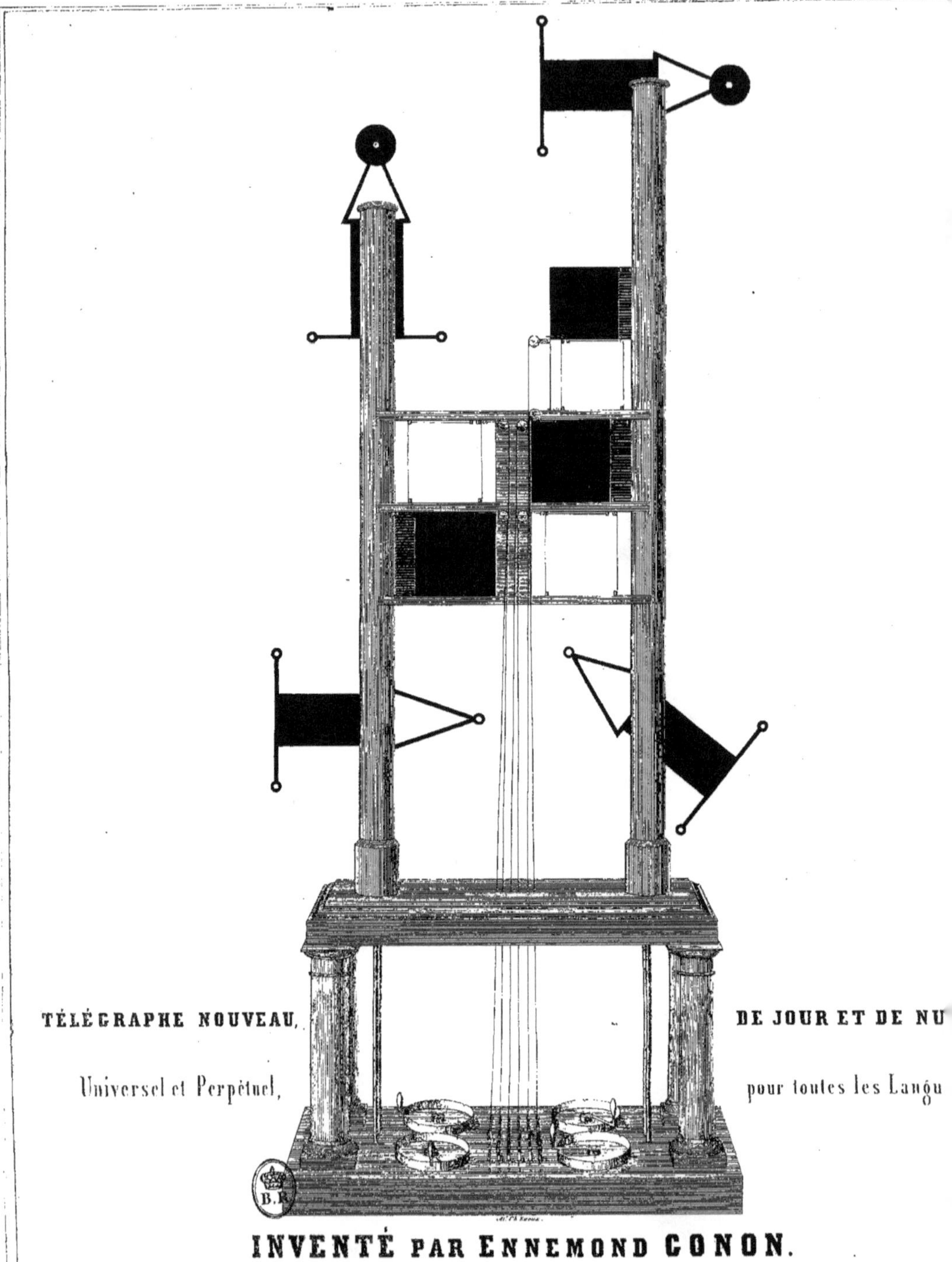
TÉLÉGRAPHE NOUVEAU,
DE JOUR ET DE NU
Universel et Perpétuel,
pour toutes les Langu
B.R
INVENTÉ PAR ENNEMOND CONON.

MÉMOIRE

SUR

LE SYSTÈME TÉLÉGRAPHIQUE

NOUVEAU,

UNIVERSEL ET PERPÉTUEL,

POUR LE JOUR ET POUR LA NUIT.

A une époque où les progrès en tous genres marchent avec rapidité, il est de la plus haute importance que les découvertes principalement utiles à la société, soient mises au grand jour, et que les gouvernements leur accordent l'attention qu'elles méritent. Au nombre de ces découvertes se place, en première ligne, le perfectionnement du télégraphe, si nécessaire à l'administration en France, depuis que tous les intérêts généraux ont pris un essor prodigieux, et que des voies nouvelles de communication se sont ouvertes de toutes parts.

Après vingt-cinq ans de veilles et de travaux considérables, je suis heureux de pouvoir présenter au gouvernement de mon pays, qui possède déjà le meilleur des télégraphes en usage dans le monde, un nouveau système télégraphique qui, j'ose l'affirmer, surpasse de beaucoup, sous tous les rapports, celui de M. Chappe.

Mais avant d'entrer dans le détail des avantages de mon système, je crois devoir faire connaître la valeur approximative des systèmes qui l'ont précédé. On verra, par ce court exposé, les difficultés nombreuses qu'il m'a fallu vaincre pour arriver au puissant résultat que j'ai obtenu.

Depuis un temps immémorial l'art des signaux est connu. Les anciens ont employé les feux, les phares, les torches, les étendarts, etc., pour annoncer promptement et au loin des avis ou des événements prévus.

Chez les Grecs et les Romains, cet art a été poussé très-loin relativement au temps. Thésée s'en est servi dans son expédition contre les Argonautes, et Mardonius au temps de Xercès.

Thucydide cite souvent sa manière de parler avec des signaux. Cette manière fut également connue des Romains dans la décadence de l'empire. L'art de correspondre par signes était trop important à un Etat essentiellement militaire, pour qu'il le laissât tomber dans l'oubli.

Dans le moyen-âge, le bruit ou le son des instruments remplaça la lumière, le feu ou la fumée.

L'invention de la poudre à canon appliquée aux bouches à feu rendit le bruit préférable, parce qu'on n'était pas obligé de choisir des hauteurs ou des points de vue pour se faire distinguer, et que l'état de l'air était indifférent.

Bien certainement, l'art des signaux militaires est presque aussi ancien que la guerre elle-même. Les Grecs l'avaient porté à un assez haut degré de perfection. On trouve dans Polybe, livre 10, des détails curieux à ce sujet.

Les signaux par le feu pendant la nuit, par la fumée pendant le jour, furent les premiers employés; mais ils demeurèrent longtemps imparfaits, parce que l'on se bornait à indiquer un certain nombre d'événements prévus, au-delà duquel la méthode échouait.

Polybe attribue à Cléoxène ou à Démoclite la méthode des lettres de l'alphabet, au moyen de laquelle on pouvait se communiquer réciproquement, au loin et par écrit, des phrases entières sur un sujet inconnu. — On employait, à cet effet, des flambeaux qu'on montrait et que l'on cachait alternativement, et dont le nombre et la position se rapportaient à telle ou telle lettre qu'on écrivait à mesure pour en former des mots. On trouve dans l'*Histoire ancienne* de Rollin, t. VIII, p. 181, la description et même la figure de l'appareil décrit par Polybe.

En Chine, l'art des signaux de feu a été poussé très-loin. On a rapporté de ce pays la manière de composer certains feux, d'une lumière éblouissante, qui se voit au travers de l'épaisse fumée, accompagnement ordinaire des batailles navales. Ces feux ont été employés avec beaucoup de succès pour signaux dans les opérations géodésiques.

Privés du secours des lunettes, les anciens ne pouvaient pas faire de grands progrès dans l'art des signaux. Ce n'est que de nos jours qu'on y a appliqué ces instruments. Il a fallu que l'impulsion de la nécessité réveillât le génie et fît inventer le télégraphe!

Parmi les modernes, nous citerons en première ligne le système télégraphique de M. Chappe qui est en usage en France depuis 50 ans.

L'expérience de ce télégraphe fut faite le 12 juillet 1793, en présence du comité d'instruction publique de la Convention nationale. Le succès fut complet. On reconnut qu'en 13 minutes 40 secondes, la transmission d'une courte dépêche pouvait se faire à la distance de 48 lieues. Quoiqu'il existât depuis longtemps différentes manières de correspondre au loin, on ne connaissait pas de moyens de se faire entendre, de proche en proche, avec une promptitude dans l'action et un mystère dans la méthode qui pussent dérober aux postes intermédiaires, le secret qu'on ne voulait faire connaître qu'aux extrémités, quel que fût leur éloignement. M. Chappe a su aplanir ces difficultés, en sorte que le télégraphe de son invention est tout-à-fait différent de ceux qu'on avait créés jusqu'à lui.

Lorsque les Anglais virent, les premiers, jouer ce télégraphe en France, ils n'en conçurent pas une bonne opinion; cependant après en avoir compris les résultats, ils ont tenté sans succès d'en établir de semblables.

Napoléon, qui ne négligeait aucun moyen pour s'assurer les nombreuses victoires qui l'ont immortalisé, a dû plus d'une fois une prompte réussite aux télégraphes mobiles qu'il plaçait d'un corps d'armée à l'autre. Les batailles d'Austerlitz, de Wagram, d'Eylau, etc., etc., en sont de frappants exemples.

Dès que l'invention de M. Chappe fut connue du public et admirée dans ses résultats merveilleux, des savants de toutes les nations, pénétrés de son importance pour les gouvernements, s'appliquèrent à l'améliorer, mais leurs travaux ont été jusqu'à ce jour tout à fait infructueux. — Voici ce qui a été tenté par quelques-uns de ces inventeurs :

M. Edwrantz, Suédois, a fait un traité de télégraphie, dans lequel on trouve des procédés reconnus impraticables.

MM. Bettancourt et Breguet ont présenté, sans succès, un télégraphe de leur invention, en 1797.

M. Moncabrier a imaginé un télégraphe marin, qu'il appelle vigigraphe, instrument simple avec lequel on obtient un bon nombre de signaux. L'expérience en a été faite à La Rochelle avec quelque succès.

Télégraphe de Pillow, composé d'un mât mobile et de trois flèches, système phrasique et conventionnel.

Aérographe de Latour, composé d'un mât immobile et de deux flèches, système rationnel ou du son, essayé sans succès pour une correspondance régulière.

Télégraphe d'Edgworth, machine à huit ailes, imitant les mouvements d'un parapluie, ne pouvant être placée qu'à de très-courtes distances, système alphabétique.

Télégraphe de Charrière, composé d'un mât immobile et de six flèches, donnant 55,000 signaux, représentant le même nombre de phrases. La première épreuve publique de ce télégraphe fut manquée, parce que la phrase qu'on avait donnée à Charrière n'existait pas dans son vocabulaire. Cet auteur n'avait pas songé, après trente ans de travail, qu'entreprendre de formuler toutes les phrases d'une langue quelconque, c'est tenter l'impossible, puisque le nombre de ces phrases s'étend à l'infini.

L'anthropographe de Spratt est tout simplement un mouchoir blanc ou de couleur qu'un homme tient à la main; le corps de l'homme sert de machine et les différentes positions qu'il prend produisent les signes télégraphiques : les avantages de ce système sont très-minimes; cependant, la société des arts, à Londres, en récompensa l'auteur.

Télégraphe portatif à mât, composé de quatre flèches, donnant 4,096 signaux, adaptable à la marine. On en a fait des essais au Hâvre et à Dunkerque, et des rapports assez satisfaisants, dit-on, ont été envoyés au ministre de la marine. Ce télégraphe est de l'invention de M. Garos, ingénieur.

Télégraphe de l'Amirauté, imaginé en Angleterre; sur le bâtiment de l'Amirauté, à Londres, on a établi un cadre rectangulaire qui porte six disques octogones mobiles, chacun à part sur un axe horizontal et les changements de position de ces disques indiquent, soit les lettres de l'alphabet, soit certaines phrases convenues.

Il existe un grand nombre d'autres systèmes, dont les plus connus sont ceux de MM. Guyot, Parker, Dudly, Kircher, Monge, Gauthey, Roger, Kessler, St-Aouen, Chateau, Paulian, Amontons, Schilling et Morse. Mais ces méthodes, plus ou moins ingénieuses, n'ont jamais présenté les avantages que celle de M. Chappe a su réunir.

Depuis quelques années, des savants de tous les pays ont pensé qu'il serait aisé d'adapter un système télégraphique à l'électricité. Ces théoriciens n'ont sans doute pas vu qu'il n'y avait qu'un système alphabétique qui pût coïncider avec la touche électrique et que c'était encore ajouter un moyen alphabétique au grand nombre d'autres déjà rejetés; que celui-ci particulièrement occasionnerait des dépenses énormes pour son installation; et qu'après des travaux gigantesques pour l'établissement d'une ligne de peu d'étendue, le plus léger accident ou la malveillance détruirait soudain : travaux, dépenses, et conséquemment toute correspondance.

Une petite ligne télégraphique de 11 milles (3 lieues $\frac{2}{3}$) avait été établie en Angleterre, il y a quelques années, entre West-Drayton et Paddington; cette ligne était favorisée par le rail d'un chemin de fer, et, malgré cet auxiliaire, elle avait coûté près de 2,000 livres sterling (48,000 francs). — Quand le gouvernement anglais vit que les espérances attachées à ce projet ne se réalisaient pas, malgré la persistance que l'on mettait à prolonger les essais, il abandonna l'idée qu'il avait eue d'établir une grande ligne électrique entre Londres et Bristol, nonobstant l'énorme dépense que cette ligne aurait occasionnée. Je n'entre pas dans le détail des autres inconvénients de ce système.

Il est bien reconnu aujourd'hui, par tous les hommes compétents, que les systèmes télégraphiques alphabétiques et phrasiques ne présentent ni la régularité, ni la célérité, ni aucune des conditions nécessaires pour une correspondance exacte, prompte et universelle.

Aussi, de tous les systèmes mentionnés plus haut, celui de M. Chappe est-il le seul qui ait obtenu les honneurs d'une administration sans rivale dans le monde. C'est avec une œuvre placée dans la vraie route, que cet illustre inventeur a pu fixer l'attention de la nation la plus éclairée, et obtenir, en retour de ses services, les récompenses et les dignités qu'il méritait. Cependant, tout en rendant hommage aux hommes qui honorent leur siècle par leurs travaux, on ne peut nier que quelques-uns d'entre eux n'aient fait qu'ébaucher pour ainsi dire les objets de leur invention, et qu'ils ne les aient laissés fort susceptibles de perfectionnement. Si depuis l'adoption du télégraphe de M. Chappe, personne n'a pu encore offrir un meilleur système, c'est évidemment parce que tous les inventeurs ont suivi de mauvaises voies ou qu'ils ont manqué de la persévérance nécessaire pour résoudre ce grand problème d'une manière satisfaisante.

J'ai indiqué successivement les principaux systèmes connus, sans faire mention des raisons qui les ont fait rejeter par les gouvernements et abandonner par les auteurs eux-mêmes (ce développement n'étant point utile à mon objet), mais j'ai dû m'arrêter quelques moments au nom de M. Chappe, pour payer mon tribut d'estime et de respect à cet illustre devancier.

Après cette profession de foi, je dirai, pour attaquer franchement la question, que le fondateur de la télégraphie française, supposant qu'il avait créé du premier coup une œuvre complète, ne s'occupa plus malheureusement du soin de l'améliorer; qu'aussitôt que la

Convention nationale eut accepté sa découverte, remarquable pour l'époque, il ne songea qu'à organiser les lignes générales de ce mode de correspondance, et que sa mort prématurée l'empêcha sans doute de reconnaître l'imperfection de son télégraphe.

Depuis cinquante ans que l'administration télégraphique existe, aucune nation n'est parvenue à s'approprier les moyens employés en France, grâce à la discrétion profonde et inébranlable avec laquelle les administrateurs ont toujours gardé le secret dont ils ont été dépositaires. Néanmoins, il arrive que de certains esprits embrassent avec chaleur une idée qui leur est sympathique, qu'ils s'en pénètrent, qu'ils la retournent sur toutes les faces, et qu'à force de travail, de volonté, de persistance, ils finissent par obtenir des résultats qui dépassent leurs prévisions. Or, ce fait résume l'histoire des vingt-cinq dernières années que je viens de consacrer à la recherche d'un télégraphe de *nuit et de jour*.

Sans avoir jamais fait partie de l'administration télégraphique, je sentis naître un jour en moi le désir de comprendre les admirables procédés du télégraphe en voyant jouer celui de Lyon, ma ville natale. J'allai, dans ce dessein, visiter de nombreuses stations téléphiques; je fis, je l'avoue, des questions pressantes, mais dès que je pus me convaincre que je n'obtiendrais pas le moindre renseignement propre à m'éclairer sur le système en usage, je résolus d'en pénétrer par moi-même les mystères. Dès-lors, je me suis livré au travail le plus opiniâtre et le plus ardu, aux études les plus abstraites, aux combinaisons les plus nombreuses. Je n'ai reculé devant aucune difficulté ni devant aucun sacrifice pour remplir la tâche que je m'étais imposée. Et, redoublant d'ardeur, au fur et à mesure de mes découvertes, animé que j'étais par un sentiment de patriotisme, j'ai résolu enfin ce grand problème auquel se rattachent de si grands intérêts pour la France et le monde entier!

Voici l'analyse de mes travaux. Au bout de dix ans, j'avais trouvé un système de correspondance universelle, par des moyens qui me semblaient alors très-simples et que je jugeai plus tard être encore trop compliqués. Ces moyens (selon mes observations au télégraphe de France) exigeaient déjà moins de signaux pour une dépêche que ce dernier, parce que les jalousies de mes flèches étaient actives et que celles du télégraphe de France ne lui servaient que pour livrer passage au vent. Jusque-là j'étais parvenu à surpasser le système établi, par des procédés différents, mais ce résultat ne m'ayant pas satisfait, je poussai plus avant mes recherches.

Bientôt je crus entrevoir la possibilité d'améliorer la machine télégraphique et la combinaison du dictionnaire. J'imaginai et essayai en conséquence, successivement en grand et toujours avec plus de perfection, *trente-cinq télégraphes* et *autant* de dictionnaires, chacun d'une combinaison différente et de plus en plus simplifiée. Je ferai remarquer, toutefois, que mon système télégraphique ne repose pas sur un seul problème, qu'un calculateur eût pu trouver après quelques heures ou quelques jours de recherches, c'est un travail d'une grande étendue qui renferme des milliers de problèmes s'enchaînant régulièrement et qu'il fallait résoudre tous pour arriver à la solution que j'ai obtenue; car si un seul de tous les problèmes renfermés dans mon système n'avait pas été résolu, j'aurais échoué dans mes épreuves, ainsi qu'il est arrivé à tous mes devanciers. Ce n'est, en définitive, qu'après *quinze* autres années d'innombrables essais, que j'ai réussi enfin à expédier, avec facilité, huit et dix fois plus vite qu'auparavant, et toujours d'une manière très-exacte, toutes les dépêches imaginables.

Qu'il me soit permis d'indiquer ici, sans rien divulguer du secret de la télégraphie, les principaux avantages de mon système sur celui de M. Chappe. Le télégraphe de cet inventeur donne bien le nombre de signaux nécessaires à la combinaison qui lui est propre, mais M. Chappe et ceux qui lui ont succédé, ne se sont pas aperçus de l'insuffisance de visibilité des signaux dans quelques cas. Il arrive souvent, à cause de l'imperfection des mouvements et de l'ouverture des jalousies dans les flèches de ce télégraphe, que les signaux sont longtemps en position avant que d'être bien distingués, surtout lorsqu'il y a le plus léger brouillard. — Ces observations ayant influé sur mes expériences, j'ai dû abandonner irrévocablement les jalousies dans les flèches, dans mes treize derniers télégraphes, bien que mon respect pour une autorité aussi estimable que celle de M. Chappe, me les eût fait conserver dans les vingt-deux premiers que j'avais construits.

D'un autre côté, le télégraphe de cet inventeur ne peut donner que quelques centaines de signaux avec lenteur pour rendre tous les genres de dépêches, et en outre, il emploie constamment deux, trois et même souvent quatre ou cinq fois plus de signaux qu'il n'y a de mots dans les dépêches. Tandis que le mien, construit de manière que tous les mouvements en soient déterminés, prompts et visibles, est beaucoup plus simple dans son jeu, quoique plus compliqué en apparence.

Avec mon télégraphe, je produis un nombre de signaux qui ne dépasse jamais le nombre de mots contenus dans les dépêches les plus abstraites, y compris les signes qui impriment à une correspondance une régularité fidèle, comme la ponctuation, les alinéas, les soulignés, etc., etc. — De plus, je gagne souvent sur les mots (ce qui est d'une importance extrême) 10, 20, 30 et jusqu'à 50 pour cent; c'est-à-dire que je puis rendre une dépêche de cent mots (de quelque nature qu'ils soient) par 90, 80, 70 et même quelquefois 50 signaux, dans la certitude de ne jamais commettre la moindre erreur. Je placerai plus loin deux exemples comparatifs d'expéditions de dépêches, en indiquant le nombre de signaux employés par le système de M. Chappe et par le mien. On pourra juger. Je citerai, en outre, des faits officiels extraits du *Moniteur* qui justifient toutes mes assertions.

Mon télégraphe est tellement simple que tous les employés peuvent être parfaitement au courant des signaux dans quatre leçons d'une heure et devenir réellement habiles après une pratique de deux ou trois semaines au plus; tandis que je tiens de la bouche même de beaucoup d'employés au télégraphe de France, qu'ils ont été obligés de s'exercer pendant six, huit et dix mois avant que de comprendre les figures des signaux et de les savoir bien rendre. — Eh! bien, je le répète, je garantis que tout homme pris au hasard, sachant seulement compter les numéros jusqu'à 79, apprendra facilement à faire tous les signaux de mon télégraphe en quatre leçons d'une heure chacune.

Je me suis appesanti quelque peu sur ce point, parce que j'ai cru remarquer que MM. les administrateurs en chef des lignes télégraphiques de France, qui m'ont fait l'honneur d'assister à une épreuve de mon système, n'avaient pas bien compris en quoi consiste la supériorité de mon télégraphe sur le leur, bien qu'ils eussent reconnu et affirmé, devant les personnes présentes à cette réunion, que je pourrais expédier *un roman tout entier* beaucoup plus promptement qu'ils n'y parviendraient eux-mêmes par les moyens qui leur appartiennent. Une preuve incontestable de la supériorité de mon télégraphe, c'est qu'il transmet les dépêches à leur destination au moins dix fois plus vite que celui qui fonctionne en France. Ce fait me paraît contrebalancer d'une manière péremptoire la complication prétendue ou apparente que ces messieurs ont cru trouver dans mon sytème. Je confirmerai d'ailleurs plus bas ce que j'avance, par le relevé des dépêches expédiées en 1841 et publiées par le *Moniteur* de cette même année.

Faut-il que j'indique en quoi consiste la supériorité de mon télégraphe? le voici en deux mots : le corps de ma machine est immobile, les pièces qui font les signes se meuvent avec une extrême facilité par le moyen de touches numérotées, en sorte que la position qui est prise se dessine nettement, à l'instant même, et se laisse distinguer sans hésitation.

Au lieu de cela, vous avez une lourde machine dont le corps et les bras, en mouvements continuels, ont grand' peine à se fixer. Dans ce corps et ces bras se trouvent en outre des ouvertures coupées en deux. Ce télégraphe est assurément plus compliqué et plus difficile à comprendre pour des hommes simples que ne l'est le mien.

Les signaux de mon télégraphe se faisant ainsi beaucoup plus rapidement que ceux de M. Chappe, les employés bien exercés peuvent donner douze ou treize signaux par minute et expédier facilement une dépêche de neuf cents à mille mots dans l'espace d'une heure, à une distance de cent lieues environ [1]. Tandis que si nous en croyons le *Moniteur*, des dépêches de vingt-cinq à trente mots mettent souvent plusieurs heures et même plusieurs jours à parcourir une courte distance. D'après mon système il n'arrivera jamais de retards semblables.

L'extrême vitesse avec laquelle je fais jouer mon télégraphe est d'autant plus digne d'attention que, puisqu'elle facilite, en *peu d'instants*, l'expédition complète et détaillée de longues dépêches, on n'aurait pas lieu de craindre les interruptions fréquentes causées par l'atmosphère dans la correspondance actuelle, et l'autorité ne serait pas accusée injustement de la non-publication de nouvelles que la plupart du temps elle n'a pu recevoir.

[1] 12 ou 13 signaux de mon télégraphe représentant généralement 15 ou 16 mots rendus à la minute, donnent 900 ou 960 mots à l'heure.

Pour obvier au triple inconvénient de la variation de l'atmosphère, du grand nombre et de la lenteur des signaux, que fait-on aujourd'hui? On réduit les dépêches, le plus qu'il est possible, en omettant des détails qui ne paraissent pas d'abord essentiels, et l'on jette le gouvernement dans l'embarras, parce que ces dépêches n'ont pas eu le développement qui en aurait fait connaître l'intention, l'esprit et le but. Or, je demanderai ce que l'on cherche en télégraphie, si ce n'est la faculté de communiquer des dépêches longues ou courtes, de quelque nature qu'elles soient, avec une parfaite exactitude et, pour ainsi dire, avec la rapidité de l'éclair? Tant que l'inventeur n'obtient pas ce résultat, l'objet de la télégraphie est manqué et l'on reste condamné à supporter les mécomptes du système actuel [1].

On trouvera la preuve de ce que je viens d'avancer dans le relevé des dépêches de l'administration, annexé à ce mémoire.

On y verra que les remarques des administrateurs eux-mêmes, ne laissent aucun doute sur la justesse de mes assertions et sur l'évidente supériorité de mon système en regard du leur. Car je puis affirmer que j'ai réduit de beaucoup la critique des imperfections du télégraphe français, et que, d'un autre côté, j'ai affaibli le nombre des avantages de mon système dans la crainte de paraître exagéré.

Je vais placer ici les deux dépêches que j'ai annoncées plus haut, en parlant du nombre de signaux que j'emploie et qui ne dépasse jamais le nombre de mots que j'ai à rendre.

[1] Le gouvernement emploie le télégraphe, les estafettes et la poste pour expédier ses dépêches. — Lorsqu'il s'agit d'une affaire de grande importance, il se sert du télégraphe, comme du moyen le plus expéditif, pour donner ses instructions et recevoir immédiatement l'assurance de l'exécution de ses ordres. Eh bien! très-souvent, les moyens secondaires auraient été plus prompts! Cependant on ne s'en est pas servi, parce que l'on comptait sur le télégraphe, et il est arrivé que de pareils retards ont paralysé les affaires d'une manière fâcheuse, au lieu d'en hâter la marche.

Première dépêche
facile.

On lit dans le *Phare des Pyrénées*, du 20 août :

« Des 6,000 hommes que la milice de Barcelone compte dans ses rangs, 200 seulement ont pris les armes, le 15 au soir, au bruit de la générale. Ils ont envoyé une pétition au général Arbuthnot, pour demander le réarmement du bataillon de volontaires qui avait été désarmé la veille. La garnison s'est opposée à l'extraction des armes qui sont déposées dans la citadelle. »

Cette dépêche demande au moins 254 signaux au télégraphe de France ; au mien, seulement 79. — Elle contient 92 mots et signes de ponctuation.

Deuxième dépêche
très-difficile pour le télégraphe de l'administration.

« Grande révolution à Athénes !... Changement de constitution.

« Voici les noms des principaux instigateurs de ce coup-d'état :

« MM. Conduriotis, président ; P. Mavromichali, vice-président ; Panutzos, Notaras, H. Church, A. Metaxas, A. Monarchidis, H. N. Boudouris, A. Lidorikis, T. Moughine, G. Eyniau, N. Zacharitza, N. Reynieri, C. Caradja, A. P. Mavromichali, P. Soutzo, Païcos, N. G. Theocaris, Ch. Clonares, G. Praïdes, Rhigha, Palamidis, Anastase, Londos, S. Theocharopoulos, G. Payles, G. Spaniolakis, C. Zographos, André Landos, G. D. Shinas.

« La Grèce sera-t-elle plus heureuse à l'avenir ? C'est ce qu'on ne peut prévoir. »

Cette dépêche contient 172 mots et signes de ponctuation. Elle prendrait 625 signaux au télégraphe de France (en supposant qu'on l'expédiât sans fautes, ce que je ne crois pas). — Je puis la rendre, par mon système, avec 167 signaux, sans qu'aucune erreur soit possible.

D'après ces deux exemples, on voit que mon télégraphe fournit le nombre de signaux nécessaires pour donner toujours des mots. Je dirai de plus qu'il me donne très-souvent deux, trois, quatre et jusqu'à huit mots avec un seul signal, et que mon dictionnaire, par la même raison, me procure une bien plus grande vitesse dans la traduction des dépêches aux points d'arrivée et de départ que ne peut le faire celui de M. Chappe.

J'ai une plus grande quantité de signaux, il est vrai, mais c'est précisément parce que j'en ai plus, que par mon système j'en emploie moins dans mes opérations, et que ce petit nombre de signaux employés proportionnellement me préserve de toute erreur. — *La non publication des dépêches télégraphiques dans la partie officielle du Moniteur* prouve évidemment, ainsi que j'en avais acquis la certitude, que les cas d'erreurs sont fréquents dans le système actuel. Il n'y a pas lieu de douter non plus qu'à cause de ces erreurs les expéditions ne soient considérablement ralenties, et que l'administration ne se voie souvent obligée de les recommencer.

Mais, j'ai en outre, dans mon dictionnaire, une espèce de brachygraphie qui permet souvent à un signal la transmission de cent ou deux cents mots différents toujours parfaitement orthographiés. Car il fallait réunir tous ces avantages pour vaincre la grande difficulté de la conjugaison des verbes, qui donne près d'un million de mots différemment écrits dans la langue française, sans compter les autres mots variables.

J'espère donc mériter l'attention du gouvernement et du monde savant lorsque je viens dire, en toute vérité, que pour arriver à la solution du problème télégraphique, il a fallu que j'étudiasse presque toutes les langues d'Europe et d'Amérique et que je parvinsse à classer et à combiner ensuite tous les mots existants pour les rendre avec exactitude et célérité, sans crainte de rencontrer jamais aucun obstacle!... Bien plus encore, ne bornant pas mes calculs à cette *langue universelle* qui résume toutes celles du monde civilisé, j'ai cherché le moyen de pouvoir rendre même les mots qu'on inventerait immédiatement, et j'ai eu le bonheur de réussir! Ainsi, je puis avec mon télégraphe, c'est-à-dire avec quatre flèches et six croisées, *transmettre correctement, le jour et la nuit, tous les genres de dépêches, quels que soient les mots qui les composent.*

J'ai acquis aussi la certitude que mon système s'adapte avec plus d'avantage encore, quant à la célérité d'expédition, au génie des autres langues européennes qu'à celui de la langue française, par la raison que ces langues présentent moins de difficultés grammaticales et de mots variables que la nôtre. Je citerai, par exemple, la langue anglaise, qui ne produit qu'environ *six cent mille* mots écrits différemment, et la langue espagnole, qui en fournit à peu près *neuf cent cinquante mille*, tandis que la langue française en donne plus de *quinze cent mille*, sans compter les noms propres. — Ces chiffres reposent sur les combinaisons que j'ai faites en composant ces trois dictionnaires télégraphiques.

Un autre fait important à constater, c'est qu'avec mon dictionnaire télégraphique *français*, je pourrais transmettre des dépêches quelconques dans toutes les autres langues qui seraient écrites en caractères français; seulement, dans ce cas, les dépêches seraient expédiées un peu moins promptement que par des dictionnaires télégraphiques particulièrement appropriés à ces langues étrangères. Mais je ferai remarquer que malgré que cette rapidité dût être moindre, elle serait encore bien supérieure à celle du télégraphe de M. Chappe, en supposant que ce genre d'expédition fût praticable pour ce dernier.

Beaucoup d'essais de télégraphes *de nuit* ont été faits depuis quinze ans, spécialement en France, en Angleterre, aux Etats-Unis et en Russie; on a dû les abandonner presque partout à cause de l'imperfection des moyens employés par les auteurs. Le petit nombre de ces télégraphes qui ont été conservés témoigne hautement de la nécessité de leur service, puisqu'ils sont dans un état fort incomplet et qu'ils n'ont d'autre effet que d'annoncer l'arrivée des navires dans les ports de mer, quelques cas de détresse ou d'autres avis sans étendue.

Il m'était réservé, grâce à ma persévérance au travail et aux inductions successives de mes découvertes, de résoudre ce problème qui est d'une si grande utilité publique. J'ai eu le bonheur d'appliquer l'usage de mon télégraphe de jour au service de nuit, de façon que sans rien changer ni déranger à la machine, elle puisse fonctionner à l'aide de l'éclairage, ce qui ne demandera qu'un instant de préparation.

Mon télegraphe perpétuel n'occupera par conséquent qu'une seule administration, ainsi que les mêmes employés aux signaux. Il donnera la facilité de correspondre avec la même exactitude et la même célérité la nuit que le jour. Les personnes qui douteraient de la possibilité d'un bon télégraphe de nuit n'auront qu'à consulter, pour leur instruction, le tome IV de la *Base du système métrique décimal*, par les deux illustres savants MM. Biot et Arago; elles y trouveront des détails précieux sur la visibilité des signaux de feux à de très-grandes distances.

Je vais exposer les motifs qui me paraissent devoir attirer l'attention du gouvernement sur le télégraphe dont il s'agit ici.

En voyant s'exécuter peu à peu les grandes lignes de chemin de fer qui relieront un jour, il faut l'espérer, tous les points importants de la France et de l'Europe, il n'est pas un observateur qui, après avoir énuméré les bienfaits de ces précieuses voies de communications, n'ait songé aussi à l'abus que pourraient en faire des populations en révolte, et, conséquemment, au trouble, au désordre qu'amènerait le déplacement de ces masses dirigées sur un même point, dans un dessein hostile ou politique. Or, le pouvoir chargé de maintenir l'ordre et la paix générale, ne préviendra le danger que nous signalons, qu'en établissant entre les départements et les arrondissements des lignes de télégraphes propres à transmettre les avis et les ordres avec la rapidité d'une chaîne électrique.

D'autre part, cette ligne de télégraphes serait éminemment utile entre les places fortes de France; le gouvernement disposerait de la sorte avec beaucoup de promptitude, selon ses besoins, des forces qui s'y trouvent concentrées.

Quoique je ne sois point partisan du monopole, je reconnais cependant avec tous les hommes d'expérience pratique, qu'au milieu de telle nation et dans telles circonstances, il est des institutions qui ne peuvent être réellement bien dirigées que par la main puissante et sûre d'un gouvernement national. J'admets donc que l'administration du télégraphe, depuis qu'elle fut confiée aux autorités gouvernementales, en 1793, par une loi expresse, a toujours été exercée avec loyauté et à peu près dans des vues d'intérêt public; mais j'oserai avancer, sans crainte d'être démenti, que les services de cette administration ne sont pas assez en rapport avec les besoins du pays. Et comment en serait-il autrement, lorsque la lenteur inhérente au système actuel ne lui permet pas de satisfaire aux besoins de l'autorité? N'entendons-nous pas dire sans cesse que de très-courtes expéditions ont été interrompues par les brouillards ou par la nuit? Dans l'état des choses, l'application du service télégraphique doit être nécessairement très-bornée.

Si l'on accepte, au contraire, le télégraphe que je présente, la question s'agrandit, les intérêts de tous sont pris en considération, et l'état, au lieu d'y perdre, augmente considérablement son revenu.

J'ai déjà démontré que mon système possède au moins dix fois plus de célérité dans ses moyens d'expédition que celui de M. Chappe. Il résulte de ce principe, que si le gouvernement donne une, deux, trois et jusqu'à six courtes dépêches au plus dans un jour, par chaque ligne télégraphique, je puis aisément en expédier dix, vingt, trente et jusqu'à soixante dans la même journée (à Washington, aux États-Unis, il m'est arrivé d'en reproduire cent vingt-cinq à cent cinquante dans la même journée). — Comme cette facilité d'exécution dépasserait probablement les besoins du gouvernement, l'administration télégraphique pourrait devenir une ressource précieuse pour la nation, un moyen de correspondance à la portée du monde industriel, commerçant, financier, etc., et les avantages de cette nouvelle application seraient immenses pour le pays! — On me dira peut-être « qu'il serait dangereux de confier ce mode de communication à des particuliers qui en abuseraient en dirigeant à volonté les jeux de bourse, ainsi que les affaires de négoce, ou s'en serviraient dans d'autres intentions coupables. » — Je vais répondre à ces objections.

La publication de fausses nouvelles ne sera jamais à craindre, parce que l'administration télégraphique restant sous la direction du gouvernement, il y aura impossibilité absolue de faire expédier une dépêche quelconque autrement que par des officiers assermentés qui seuls connaîtront les secrets indéchiffrables de la télégraphie nouvelle. Bien plus, ces hommes choisis, capables et intègres, dont la discrétion est depuis cinquante ans un sujet d'admiration universelle, s'élèveront encore, en quelque sorte, à leurs propres yeux et à ceux de leurs compatriotes, lorsqu'ils auront une mission de plus en plus grande à remplir ! — Cette correspondance télégraphique offrira une garantie de sécurité, en ce qu'elle sera *ouverte*, signée, et qu'il faudra toujours traduire les dépêches en signaux. D'après ces observations, on comprendra que l'usage du télégraphe, approprié aux besoins des particuliers, sera bien moins dangereux pour la société que le service de la poste commune, auquel on ne confie que des missives *cachetées*, sans parler des journaux hostiles au gouvernement, dont il propage l'influence.

Il me reste à indiquer au gouvernement et à la nation les principaux avantages que l'un et l'autre recueilleront indubitablement de mon système de télégraphie.

1° La célérité des expéditions de *jour et de nuit* donnera un surcroît de puissance à l'action gouvernementale et en même temps un gage de paix et de tranquillité publique.

2° La facilité qu'aura le gouvernement de rendre service à l'industrie, au commerce, etc., en publiant chaque jour dans les villes commerçantes le taux des marchandises, le cours des rentes, celui des fonds étrangers, etc., cette facilité d'expédition donnera aux affaires une activité prodigieuse. Les tâtonnements causés dans les villes éloignées de Paris, par l'incertitude et l'attente des nouvelles, cesseront aussitôt, et la France, après avoir été jusqu'ici une puissance commerciale du troisième ordre, montera enfin au premier rang.

3° Pendant les sessions des chambres, lorsque les travaux législatifs se termineront *la nuit*, et que la gravité des votes préoccupera le pays entier, le ministère pourra du moins faire expédier *immédiatement* les dépêches qui excitent souvent à un très-haut degré l'intérêt public[1].

4° En employant mon télégraphe de *jour et de nuit*, l'état augmentera de beaucoup ses ressources financières; voici comment : dès qu'il appliquera les expéditions télégraphiques aux besoins des particuliers, il deviendra l'intermédiaire d'une multitude d'intérêts privés, entre tous les points de la France, et ce service l'amènera nécessairement à ajouter aux cinq grandes lignes télégraphiques directes et aux branches indirectes qu'il possède déjà, d'autres lignes nouvelles.

[1] Si le télégraphe existant pouvait servir, par exemple, à expédier simultanément aux principales villes de France le discours du roi, il n'y aurait pas lieu de douter que l'administration ne satisfît la juste curiosité de la Nation. Elle décline évidemment ce message parce qu'elle ne saurait le remplir à temps. L'étendue du discours royal exigerait au moins 3 ou 4 mille signaux et l'on mettrait plus de temps à expédier cette dépêche aujourd'hui par les télégraphes ordinaires que par la voie des courriers. A cet inconvénient il faut ajouter encore celui des fautes nombreuses d'inexactitude, que les mêmes télégraphes commettent fréquemment dans les dépêches de quelque longueur. Par mon système, le dernier discours, prononcé par Sa Majesté, le 27 décembre, aurait pu s'expédier sans erreur avec 504 signaux (épreuve que j'ai faite) et dans moins d'une heure, sur tous les points éloignés de Paris, ce discours renferme 603 mots et signes de ponctuation.

On expédierait de même les réponses des Chambres, qui ne sont pas attendues avec moins d'intérêt.

En Angleterre et aux Etats-Unis d'Amérique à l'ouverture des Chambres, toutes les villes éloignées des capitales paient des primes énormes aux estafettes qui apportent les premières, soit le discours de la reine, soit le message du président. J'ai vu plusieurs fois à New-York, les journalistes Webb et Bennett, éditeurs du *Courier Inquirer* et de l'*Herald*, payer 20 à 25,000 francs (4 ou 5000 dollars), à celui qui de Washington à New-York (80 lieues seulement) arrivait le premier. Il en est de même dans tous les Etats, ce qui prouve évidemment la nécessité de promptes communications pour le bien réel des nations.

Je tiens d'une autorité respectable, que si les frais de l'administration télégraphique s'élèvent à un million environ, l'économie de courriers que cette même administration produit à l'état couvre au-delà cette dépense; d'où il suit que le télégraphe actuel n'est point en réalité une charge pour le pays.

Mais, quand je viens faciliter à l'administration un service national, grâce au perfectionnement du système que je présente, il ne s'agit pas moins que d'offrir au trésor une source durable de revenus. Car, si mes calculs sont justes et si mes prévisions se réalisent, on peut évaluer au moins à quinze ou vingt millions les recettes annuelles que ferait cette administration tout à la fois habile et libérale [1].

[1] Je vais démontrer par un calcul simple, exact et facile à saisir, comment on obtiendrait ces revenus considérables.

J'ai déjà prouvé plus haut qu'au moyen d'un service régulier, mon système facilite l'expédition de 900 à 1,000 mots par heure, le jour et la nuit, à la distance de cent lieues environ. — Prenons le minimum 900 et comptons approximativement combien nous avons d'heures d'expéditions par jour, suivant les saisons. — Pendant les huit beaux mois de l'année, depuis mars jusqu'à la fin d'octobre, on peut compter au moins dix-huit heures d'expéditions sur vingt-quatre. (Je diminue six heures pour les interruptions causées par des circonstances imprévues). — Or, dix-huit heures à 900 mots par heure, donneront sur chaque ligne 16,200 mots. — Si nous multiplions cette somme de mots par les cinq grandes lignes et les quatre grandes branches télégraphiques existantes (sans compter les petites branches latérales), nous trouvons que cette somme s'élève en totalité à 145,800 mots par jour.

Pour obtenir ce nombre voici comment j'ai procédé : j'ai dit, 1° de Paris à Toulon il y a 190 lieues télégraphiques; 2° de Paris à Bayonne 180 lieues; 3° de Paris à Brest 150 lieues; 4° de Paris à Strasbourg 100 lieues; 5° de Paris à Calais 60 lieues. — Ce qui ferait une moyenne de 124 lieues pour les cinq grandes lignes. — En prenant pour moyenne générale *cent lieues*, c'est-à-dire le terme le moins favorable pour mes évolutions, il s'ensuit que 16,200 mots fournis par chaque ligne donneront, les neuf lignes ensemble, la totalité de 145,800 mots par jour.

J'admets que chaque mot expédié par le télégraphe coûterait 50 centimes. Il n'est pas un négociant, un banquier, un manufacturier, un particulier quelconque, qui dans un besoin pressant et pour une affaire importante, ne se trouvât trop heureux de faire expédier, pour

Ajoutons au nombre de ces bénéfices, ceux que l'état réaliserait encore, en concluant à propos ses grands marchés dans les ports de mer et ailleurs, par suite des *avis opportuns* qu'il recevrait de toutes parts, au moyen de mon télégraphe toujours en exercice.

5° Toutes les puissances de l'Europe auront la faculté de s'approprier ce télégraphe, d'un commun accord, pour se communiquer entre elles des notes diplomatiques et autres, dans toute espèce de circonstance. — Aussitôt qu'elles voudront se renfermer chez elles, chacune fera usage d'une clé particulière que je lui donnerai et dont le secret sera impénétrable.

la modique somme de 12 fr. 50 c. par exemple, une dépêche de 25 mots, de Paris à l'extrémité de la France, *et vice versâ*. Cette nouvelle voie de communication serait donc utilement mise à la portée de tout le monde; les 145,800 mots quotidiens de mon télégraphe produiraient une recette de 72,900 francs par jour; et le gouvernement percevrait en huit mois, ou deux cent quarante-quatre jours, la somme de 17,787,600 francs.

J'estime que pendant les quatre autres mois de l'année, depuis novembre jusqu'à la fin de février, on pourra compter douze heures d'expéditions sur vingt-quatre. — Mais pour faire preuve de générosité et de modération envers ceux qui chercheraient à critiquer mon système, je suppose qu'on ne comptera que six heures au lieu de douze. — Il n'en sera pas moins certain que ce *quart de journée*, consacré aux expéditions, donnera sur chaque ligne 5,400 mots qui, multipliés par 9, s'élèveront au nombre de 48,600 et produiront une recette de 24,300 francs par jour; autrement, la somme de 2,478,600 francs en quatre mois ou cent vingt jours.

Le gouvernement, s'il adoptait mon système télégraphique, se créerait, ainsi que je l'ai avancé, un revenu annuel de 20,266,200 francs, et il atteindrait à ce magnifique résultat en dépensant à peine *quelques cent mille francs*, pour remplacer la machine qui fonctionne aujourd'hui par celle que je propose.

Je ferai remarquer, en outre, que dans ces calculs je n'ai point compris les télégraphes que l'on pourrait établir, si utilement dans nos possessions d'outre-mer et dont le revenu ajouterait encore à celui de la métropole.

On comprendra, du reste, que dans un cadre aussi resserré que celui-ci, pour la simple exposition du sujet, je n'aie pas voulu entrer dans de plus amples détails. Je me réserve de développer dans une seconde publication tous les arguments contenus dans ce mémoire, pour prouver que les avantages de mon système doivent *nécessairement dépasser de beaucoup* ceux que je n'ai fait qu'indiquer.

Je laisse à penser maintenant quels bienfaits, quels services immenses résulteraient de l'application de ma découverte pour la France et la société entière!!! Les faits parlent d'eux-mêmes si haut que je m'abstiens d'émettre à ce sujet mes propres réflexions.

Pour vérifier l'exactitude parfaite du nouveau système que j'ai l'honneur de proposer au gouvernement français, je suis prêt à subir toutes les épreuves que jugeront convenable de m'imposer des hommes compétents et impartiaux.

Plusieurs gouvernements, instruits par leurs ambassadeurs et par leurs chargés d'affaires des résultats surprenants que j'avais obtenus en télégraphie, il y a déjà quelques années, me firent proposer de venir établir des lignes télégraphiques dans leurs états. J'ai parcouru ces pays et j'y ai tenté de si heureux essais, qu'en divers lieux d'Amérique on vota des fonds pour que je pusse réaliser mon système sur une grande échelle, ce que j'ai exécuté à la satisfaction générale de toutes les autorités et de tous les hommes de science.

Si je n'ai pas conclu d'une manière définitive avec ces gouvernements, c'est que des crises politiques ou financières les ont forcés de suspendre l'accomplissement de ce projet. On trouvera ci-joint à ce mémoire, comme preuve de ce que j'affirme, des certificats écrits et signés de la main des personnages illustres qui ont approuvé mon système, après en avoir vu l'application sur de grandes lignes.

J'oserai, néanmoins, faire remarquer que ces suffrages si précieux datent d'une époque où mon œuvre n'avait point encore atteint tout le degré de perfection qu'elle présente aujourd'hui.

Enfin, ce qu'on ne voudra croire que difficilement et qui est l'exacte vérité, c'est le peu de dépense que le gouvernement devra faire pour obtenir des résultats si importants, et qui s'élèvera à cinq cent mille francs au plus, pour toutes les lignes existantes en France.

Cinq cent mille francs!.. mais un seul coup de mon télégraphe, donné à propos, suffira pour couvrir ces frais.

Après avoir ainsi cherché à réunir tous les titres qui me paraissent dignes d'inspirer la confiance du gouvernement français et l'administration supérieure du télégraphe, j'ose me flatter que cette dernière ne me refusera pas la faveur d'examiner mon travail, pour le juger avec bonne foi. — Je sais bien que cette administration ne doit accueillir les projets nouveaux qu'avec une extrême réserve, après que tant d'autres auteurs ne lui ont présenté que des systèmes défectueux et impraticables. — Je n'ignore pas non plus qu'elle a été entraînée quelquefois à des dépenses pour des essais inutiles, et que ces précédents sont nuisibles à une découverte nouvelle. Mais quand je viens solliciter pour la mienne des épreuves qui dispenseront d'aucun frais; quand j'arrive, après vingt-cinq années d'un travail exclusivement consacré à cet objet, ayant par-devers moi des expériences nombreuses et de hautes approbations dans tous les pays, il me semble, dis-je, que j'ai quelque droit à l'attention sérieuse des esprits qui gouvernent la France et qui travaillent à sa prospérité!

Sera-t-il toujours dit que les nations étrangères exploiteront à leur profit les inventions et les découvertes d'utilité publique que la France aura dédaignées? — Non, il n'en sera pas du télégraphe que je présente, ainsi que de la vapeur [1], des ponts en fer [2], du balancier à frapper les monnaies [3], de l'éclairage au gaz [4], de la mécanique à

[1] C'est à Salomon de Caus, né à Dieppe, que l'on doit la découverte de la force élastique de la vapeur, et c'est Papin, né à Blois, qui a imaginé la première machine à vapeur.

[2] D'un peintre lyonnais.

[3] De Nicolas Briot.

[4] De Lebon.

fondre les caractères d'imprimerie [5], du procédé pour fabriquer le papier continu [6], du métier à bas [7], du métier à gaze, de l'ancienne teinture de coton en rouge, de la machine à fabriquer les poulies, et de tant d'autres qui, après avoir été accueillies au-dehors avec un juste empressement, ont été *réimportées* ensuite après coup en France.

Plein de foi dans mon œuvre, j'ose espérer que ce mémoire, empreint du désir que j'ai de voir ma patrie prendre l'initiative de ma découverte, engagera le gouvernement français à faire usage du télégraphe perpétuel et universel que je viens soumettre à son appréciation.

[5] De Didot Saint-Léger.
[6] De Didot Saint-Léger.
[7] D'un Nîmois.

RELEVÉ

DE TOUTES

LES DÉPÊCHES TÉLÉGRAPHIQUES

PUBLIÉES

DANS LE *MONITEUR UNIVERSEL* PENDANT L'ANNÉE 1841.

Le 2 Janvier.

(Cette dépêche, expédiée de Toulon le 27 décembre, est arrivée par le courrier de Lyon aujourd'hui.)

Alger, 22 décembre.

Le maréchal Vallée à M. le président du conseil :

La tranquillité de la province d'Alger n'a pas été troublée depuis le dernier courrier.

Les garnisons de Médéah, Belidah et Mostaganem, ont fait des razzias sur les tribus qui sont à une petite distance de ces villes.

Le courrier de Bone n'est pas arrivé.

Le 4.

Marseille, le 2 janvier à six heures du soir.
(Reçue le 4 dans la journée.)

Malte, le 28 décembre 1840.

Le consul de France à M. le ministre des affaires étrangères :

Kurruck-sing, roi de Lahore, est mort le 5 novembre. Pendant ses funérailles, son successeur, Nownebal-sing, a péri par accident. Shere-sing doit monter sur le trône.

Les affaires de la Chine sont sur le point d'être terminées. Les Anglais recevront trois millions de livres pour indemnité.

Dost-Mahomet s'est définitivement rendu aux Anglais.

12 Janvier.

Brest, le 11 janvier, à huit heures du matin.

Le préfet maritime à M. le ministre de la marine :

La paix a été conclue à Buenos-Ayres. M. Pages, lieutenant de vaisseau, qui est arrivé cette nuit sur *le Cassard*, partira pour Paris par le premier courrier, avec le traité.

Le 12.

Toulon, le 11 janvier. — (Alger, le 3.)

Le maréchal Vallée à M. le ministre de la guerre :

La province d'Alger est parfaitement tranquille. Le mauvais temps a empêché de communiquer avec Médéah.

Un léger engagement a eu lieu à Mostaganem; les Arabes ont été battus.

Le courrier de Constantinople n'est pas arrivé.

Le 15.

Strasbourg, le 14 janvier.

Le préfet du Bas-Rhin à M. le ministre de l'intérieur :

Une lutte sanglante en Argovie, entre les catholiques et les protestants, sous prétexte de la révision de la constitution, qui a été rejetée par 16,000 voix contre 14,000. Les deux factions se sont déjà heurtées sans succès décisifs; en ce moment, elles en sont encore aux mains très-probablement.

17 Janvier.

Toulon, le 15 janvier, à quatre heures du soir.

Le préfet maritime à M. le ministre de la guerre :

Dans les derniers jours de décembre, le général Guingret a fait une razzia dans la tribu des Beni-Sallahaam. Les auteurs et les complices de l'assassinat du capitaine d'état-major Saget, ont été tués ou livrés. 80 Arabes ont été tués; 800 bœufs, 1,200 des tentes et une grande quantité de grains sont tombés en notre pouvoir. Le corps d'expédition est rentré dans les camps dans les premiers jours de janvier, sans avoir éprouvé de pertes.

Ces détails sont donnés par le commandant de *l'Isère*.

Le 19.

Lyon, le 19 janvier.

Pas de résultats hier.—Votants : 478.

MM.	Leuillon de Thorigny. . .	209.
	Martin.	157.
	Prunelle.	112.

Le ballotage va avoir lieu entre les deux premiers candidats.

Le 21.

Lyon, le 19 janvier.

M. Leuillon de Thorigny a été nommé député par 259 voix sur 454.

3 Février.

Marseille, 2 février. — Alexandrie, le 23 janvier.

Le consul-général à M. le ministre des affaires étrangères :

La flotte turque est entièrement sortie du port d'Alexandrie aujourd'hui; on a reçu des nouvelles de l'arrivée d'Ibrahim-Rambé, peu éloigné de Gaza. Son armée doit être maintenant sur le territoire égyptien. L'envoyé de la Porte a informé Méhémet-Ali qu'il avait appris que le firman qui lui accorde l'investiture héréditaire de l'Egypte avait été signé par le sultan. Tous les engagements qui avaient été pris de part et d'autre sont donc remplis.

7 Février.

Madrid, 1er février.

Le chargé d'affaires de France à M. le ministre des affaires étrangères :

L'affaire du Duéro est terminée.

La chambre des pairs a voté la loi pour le règlement de la navigation de ce fleuve.

La reine l'a sanctionnée.

Malte, 28 janvier.

Le consul de France à M. le ministre des affaires étrangères :

La flotte turque, remise par Méhémet-Ali, a quitté Alexandrie. Soliman-Pacha est arrivé au Caire avec une division de 8,000 hommes : Ibrahim s'approchait de Gaza, on lui a envoyé *le Nil* pour le chercher.

Le 15.

Toulon, le 12 février.

Le préfet maritime à M. le ministre de la marine :

L'Iéna, *le Neptune* et *le Triton* étaient à Cagliari le 30, et attendaient, pour reprendre la mer, que le temps fût beau et que leurs nombreuses et graves avaries fussent réparées.

27 Février.

Calais, le 26 février, à quatre heures et demie du soir.

Le chargé d'affaires de France à Londres, à M. le ministre des affaires étrangères :

Londres, le 26, à trois heures du matin.

La seconde lecture du bill de lord Morpeth vient d'être adoptée par 299 contre 293 votants. Majorité ministérielle : 5.

11 Mars.

Bayonne, le 11 mars.

Le sous-préfet à M. le ministre de l'intérieur :

M. de Gamboa, ministre des finances, a donné sa démission.
M. de Jerren est chargé du portefeuille par intérim.

Le 23.

Bayonne, le 23 mars.

Le sous-préfet à M. le ministre de l'intérieur :

L'ouverture des cortès a eu lieu le 19. Espartero n'y a pas assisté ; il n'y a pas eu de discours. Madrid est parfaitement tranquille.

Le 24.

Marseille, le 24 mars.

Le préfet des Bouches-du-Rhône à M. le ministre de l'intérieur :

Des anarchistes du plus bas étage ont tenté un mouvement cette nuit : nous étions sur nos gardes ; douze à quinze individus, la plupart porteurs d'armes et de cartouches, sont arrêtés.
La justice informe : tout est parfaitement tranquille.

25 Mars.

Marseille, le 25 mars.

Le préfet des Bouches-du-Rhône à M. le ministre de l'intérieur :

L'information judiciaire continue avec beaucoup d'activité. Le nombre des arrestations est de 21. Cette folle tentative n'a excité ici que dégoût et indignation.

Tout est parfaitement tranquille.

Le 27.

Bayonne, le 27 mars.

Le sous-préfet à M. le ministre de l'intérieur :

Le nouveau ministère portugais a été constitué par décret du 13.

MM. le baron Tojal, ministre de l'intérieur; baron de Goncores, ministre des affaires étrangères; don Gonzalès de Miranda, ministre de la marine; don Doliveira, ministre des finances.

Le 31.

Bayonne, le 31 mars.

Le chargé d'affaires de France à M. le ministre des affaires étrangères :

Les cortès se sont constitués aujourd'hui. M. Aguelles a été élu président à la majorité de 118 contre 6.

6 Avril.

Marseille, le 4 avril. — Alexandrie, 25 mars.

Le consul de France à M. le ministre des affaires étrangères :

Des nouvelles de Bombay annoncent qu'après quelques hostilités, un arrangement préliminaire a été conclu à Macao, le 20 janvier, entre le capitaine Elliot et les plénipotentiaires chinois, et que les relations commerciales sont rétablies.

18 Avril.

Bayonne, le 18 avril.

Le sous-préfet à M. le ministre de l'intérieur :

La chambre des députés d'Espagne a décidé le 13, à la majorité de 80 voix contre 44, que le gouvernement serait invité à soumettre immédiatement aux chambres la question de la régence.

Le 28.

Calais, le 28 avril. — Londres, le 27.

Le chargé d'affaires de France à M. le ministre des affaires étrangères :

La chambre des communes s'est formée hier en comité sur le bill de lord Morpeth. Un amendement proposé par lord Howick, et combattu par le cabinet, a été adopté à la majoritée de 21 voix, sur 561 votants : 291 pour, 270 contre.

11 Mai.

Bayonne, 11 mai — Madrid, le 8.

Le chargé d'affaires de France à M. le ministre des affaires étrangères :

Les chambres se sont réunies aujourd'hui pour l'élection de la régence, par un premier vote : elles ont décidé à la majorité de 153 voix contre 136, qu'il n'y aurait qu'un seul régent.

Le second vote a donné les résultats suivants :

Espartero.	170 voix.
Augustin Arguelles.. .	108 —
Voix perdues.	8

En conséquence, Espartero a été proclamé régent du royaume.

17 Mai.

Toulon, le 17 mai. (Reçue à sept heures et demie du soir.)

Le préfet maritime à M. le ministre de la marine :

Le corps d'expédition est entré à Alger le 9; le gouverneur et M. le duc de Nemours y sont arrivés le 10, après avoir ravitaillé Médéah et Milianah.

Le 3, l'ennemi avait réuni sur les montagnes, au-dessus de Milianah, 5 à 6 mille Kabyles et son infanterie régulière, que devaient soutenir au besoin 15,000 cavaliers massés dans la plaine du Chélif. Après une retraite simulée, la charge fut battue sur toute la ligne, et les Arabes s'enfuirent dans une déroute complète, laissant plusieurs centaines de morts. Monseigneur le duc de Nemours qui commandait l'aîle gauche, fut le plus vivement attaqué, et dans un retour offensif, il entraîna bravement la charge à la tête du 24e régiment de ligne, dont le duc d'Aumale est le lieutenant-colonel. Le 5, en revenant du Pont-el-Cantara sur le Chélif, une affaire a eu lieu entre nos gendarmes maures et la cavalerie régulière de l'émir; elle a amené une razzia : 175 cavaliers arabes mis hors de combat, plusieurs chefs tués, 60 femmes ou enfants, dont quelques-uns de distinction, pris, et 17 autres prisonniers, et 15 à 1800 bœufs ou moutons capturés.

Le 8, une razzia a été faite aussi chez les Sourmata avec le plus grand succès. (70 mots, même style, supprimés.)

19 Mai.

Toulon.—Alger, le 13 mai.

Le gouverneur-général des possessions françaises dans le nord de l'Afrique, à M. le président du conseil, ministre de la guerre :

Le corps d'expédition est rentré le 9 à Bélidah; il a été déposé un grand convoi à Médéah, un autre à Milianah : plusieurs petits combats ont eu lieu. Le 3, il a été attaqué sous Milianah par 9,000 fantassins et 10,000 chevaux; cette petite armée a été mise dans une déroute complète, et à laissé 400 morts sur la place. Le 4, toute la cavalerie ennemie a été poussée jusqu'au-delà du pont du chélif-el-Canton, que les Français ont passé. (100 mots, même style, supprimés.)

Le 19.

Londres, à quatre heures du matin. — Calais, le 19 mai.

Le chargé d'affaires de France à M. le ministre des affaires étrangères :

Le nouveau ministère espagnol, dont la nomination a paru ce matin dans la *Gazette*, est composé ainsi qu'il suit :

MM. Gonzalès, président du conseil, ministre des affaires étrangères;
Surra-y-Rull, ministre des finances;
Infante, ministre de l'intérieur;
San-Miguel, ministre de la guerre;
Garcia-Gomba, ministre de la marine;
Alonzo, ministre de la justice.

Le 31.

Alexandrie, le 21. — De Toulon.

Le consul-général de France à Alexandrie à M. le ministre des affaires étrangères :

On écrit de Bombay que les hostilités ont éclaté de nouveau en Chine, et que les forces anglaises se sont portées sur Canton.

Toulon. — Malte, le 26.

Le consul-général de France à Malte à M. le ministre des affaires étrangères :

L'Oriental est arrivé cette nuit d'Alexandrie avec la valise de l'Inde, partie de Bombay le 1er.

En Chine, les Anglais ont dû recommencer les hostilités. Le 25 février, ils se sont emparés des forts du bagne et des f. . . . . de Canton; mais l'empereur paraît décidé à ne pas céder. Kelben a été dégradé et envoyé à Péhin, chargé de fers.

Le commodore sir Georges Bremer est arrivé le 20 avril à Calcuta, pour s'entendre avec le gouverneur-général et demander du renfort.

Deux régiments européens vont être envoyés en Chine.

5 Juin.

Toulon, le 5 juin.

Le préfet maritime à M. le ministre de la marine :

La colonne du général Bugeaud était le 22 à une journée de marche de Takadempt, où elle devait entrer le 23; deux légères affaires avaient eu lieu en route, mais les Arabes s'étaient proptement dissipés.

Depuis le départ de l'armée, les populations des environs du Chélif n'étant plus comprimées par les kalifats d'Abd-el-Kader, ont envoyé des bœufs par troupeaux à Mostaganem. (60 mots, même style, supprimés.)

Le 5.

Calais. — Londres, le 5 juin, à trois heures et demie du matin.

Le chargé d'affraires de France à M. le ministre des affaires étrangères :

La motion de sir Robert Peel vient d'être adoptée à la majorité d'une voix.

Votants : 623. Pour, 312, contre, 311.

Juin.

Toulon, le 10 juin. — Mostaganem, le 4.

Le gouverneur-général des possessions françaises dans le nord de l'Afrique à M. le ministre de la guerre :

Après huit jours de marche pénible et plusieurs petits combats de flanc et d'arrière-garde, tous heureux pour nos armes, le 25, à la suite d'un combat honorable pour les zouaves, la colonne a occupé Takadempt, qu'elle a trouvé vide d'habitants et de tous les objets précieux; nous avons fait sauter le fort, brûlé et démoli la ville, qui commençait à devenir importante. (200 mots, même style, supprimés.)

Le 11.

Toulon, le 11 juin

Le préfet maritime à M. le ministre de la marine :

La colonne du général Baraguay-d'Hilliers est rentrée à Belidah le 2, après avoir visité Médéah et Milianah, détruit Boghar et ravagé le pays qu'elle a traversé; nulle part l'ennemi ne l'a inquitée. Plusieurs centaines d'Arabes se sont bornés à suivre de loin ses mouvements; il n'y a eu que quelques coups de fusil échangés dans une rencontre insignifiante. Deux établissements assez importants ont été détruits à Boghar, où était une fonderie de canons de fusils, dont la perte. . . . . sensible à l'émir. La colonne devait rentrer en campagne le 10. Monseigneur le duc de Nemours, venant de Mostaganem, est arrivé à Alger le 10. (*Interrompue par la nuit.*)

Le 12.

Perpignan, le 11. (Parvenue le 12.)

Le préfet des Pyrénées-Orientales à M. le ministre de l'intérieur :

Des troubles ont éclaté le 7 à Barcelone à l'occasion de l'annonce, par la douane, de la vente publique et à l'enchère d'objets confisqués : trois ou quatre mille ouvriers tisserands se sont portés par groupes sur la place où la vente devait avoir lieu, pour s'emparer des marchandises et les brûler. Le chef politique et l'ayuntamiento, ayant fait de vains efforts de persuasion, ont acheté et livré les marchandises aux tisserands, qui les ont brûlées devant l'hôtel de l'ayuntamiento à cet effet.

25 Juin.

Perpignan, le 24 juin.

Le général commandant la 21e division militaire à M. le ministre de la guerre :

Les ouvriers de Pubade, ville de la province de Barcelone, n'ayant pu obtenir une augmentation de salaire, ont brisé les métiers et les machines des manufactures.

Le 28.

Marseille, le 28 juin. — Alexandrie, le 11.

Le secrétaire d'ambassade en mission, gérant le consulat de France, à M. le ministre des affaires étrangères :

Méhémet-Ali a fait promulguer solennellement hier le nouveau Hatti-chérif d'investiture. La question du tribut est réglée dans un firman séparé et l'on espère ici qu'il pourra encore être modifié.

Le 29.

Bayonne, le 28 juin. (Parvenue aujourd'hui 29.)

Le sous-préfet de Bayonne à M. le ministre de l'intérieur :

La tutelle a été déclarée vacante, à la majorité de 129 voix contre 1, dans la séance de la chambre des députés du 23.

29 Juin.

Bayonne, le 29 juin.

Le sous-préfet de Bayonne à M. le ministre de l'intérieur :

Dans la séance du 25, la commission du sénat a proposé de déclarer la tutelle vacante, à la majorité de 3 voix contre 2.

4 Juillet.

Bayonne, le 4 juillet.

Le sous-préfet de Bayonne à M. le ministre de l'intérieur :

Le 28, la chambre des députés a décidé qu'il y avait lieu de faire résoudre par les deux chambres réunies, la question de la tutelle.

Le 11.

Toulon, le 11 juillet.

Le gouverneur-général des possessions françaises dans le nord de l'Afrique à M. le ministre de la guerre :

La division d'Oran, partie de Mostaganem pour Mascara le 7 juin, est rentrée ici le 27, dans un état sanitaire satisfaisant, en raison des marches et des travaux qu'elle a exécutés. Le nombre des malades laissés à Mascara ou transportés à Mostaganem ne dépasse pas 400.

Elle n'est pas allée à Saïda, parce qu'elle a appris que ce fort était évacué et en partie détruit. On ne juge plus utile de poursuivre la grande tribu des Hachem, d'où sort Abd-el-Kader, et qui lui a donné le pouvoir. Elle n'avait jamais senti les atteintes de la guerre; aussi a-t-elle été la plus ardente à faire rompre la paix.

Traquée pendant plusieurs jours, elle s'est jetée sur la frontière du désert, ses cavaliers, au nombre de 3,000, ayant voulu couvrir sa retraite, ont éprouvé des pertes.

L'armée a ensuite moissonné dans la plaine d'Eghres pour approvisionner

Mascara en grain et en paille; en même temps on a travaillé à l'établissement de Mascara.

On a recueilli des meules dans les environs et sous peu nous aurons des moulins pour faire la farine nécessaire à une division de 8,000 hommes.

Nos affaires sont en bonne voie; mais il n'y a aucune soumission des tribus.

La division est partie hier pour Mascara avec un grand convoi. Elle moissonnera quinze jours pour l'approvisionnement de la place.

14 Juillet.

Calais, le 14 juillet.

Le chargé d'affaires de France à M. le ministre des affaires étrangères :

Le protocole de clôture et la convention des droits ont été signés ce matin.

Bayonne, le 14 juillet.

Le sous-préfet de Bayonne à M. le ministre de l'Intérieur :

Les chambres se sont réunies aujourd'hui pour décider la question de la tutelle. Sur 239 membres, 203 ont on déclaré la tutelle vacante. 180 ont élu M. Arguelles, qui a été en conséquence proclamé tuteur de la reine et de l'infante.

Il y a eu 31 bulletins blancs et 28 voies perdues.

Le 18.

Une dépêche télégraphique d'hier et qui n'est parvenue que cet après-midi à cause de l'atmosphère, annonce que la tranquilité n'avait pas été troublée à Toulouse.

1er Août.

Toulon, le 31 juillet.

Le préfet maritime à M. le ministre de la marine :

La colonne Lamoricière est rentrée le 19 à Mostaganem, plusieurs engagements auraient eu lieu à notre avantage.

Mascara est occupé par 2,000 hommes approvionnés jusqu'en octobre.

Ces nouvelles ont été apportées par *le Phare* arrivé d'Oran à Alger le 26.

Le 9.

Bayonne, le 9 août.

Le sous-préfet de Bayonne à M. le ministre de l'intérieur :

La gazette officielle de Madrid du 5, publie le manifeste du régent, la protestation et la lettre de la reine-mère, et un décret de licenciement partiel de la garde royale.

Les gardes-du-corps d'un régiment d'infanterie, deux régiments de cavalerie, l'artillerie et les milices de la garde sont supprimés.

Le 27.

Bayonne, le 27 août.

Le sous-préfet à M. le ministre de l'intérieur :

La session des chambres espagnoles a été close le 24. Dans la séance du 23 on a donné lecture d'un décret du régent qui nomme l'infant Don François de Paule sénateur.

Le 31.

Calais, le 30 août.

Le chargé d'affaires de France à M. le ministre des affaires étrangères :

Le cabinet a donné sa démission hier, sir Robert Peel a été appelé à Windsor ce matin.

Lord John Russel vient d'apprendre à la chambre des communes la retraite du ministère.

5 Septembre.

Bayonne, le 3 septembre.

Le sous-préfet à M. le ministre de l'intérieur :

Par décret du 30 publié par la Gazette officielle de Madrid du 1er septembre, l'amnistie accordée le 30 novembre est étendue, sous condition de serment, aux carlistes de toutes catégories, à l'exception des colonels, officiers généraux et fonctionnaires civils et militaires d'ordre équivalent.

5 Octobre.

Toulon, le 3 octobre.

Le consul de France à M. le ministère des affaires étrangères :

L'Orientale est arrivé ici ce matin à dix heures, ayant à bord le capitaine Broun, porteur de dépêches pour la reine d'Angleterre.

Les Anglais ont forcé les avant-postes de Canton du 23 au 27 mai ; au moment où ils allaient attaquer Canton même, les Chinois ont capitulé ; ils ont payés 6,000,000 et la garnison tartare a évacué la ville le 5 juin. Les forces anglaises sont retournées à Hong-kong. Le 18 juin le commodore James Bremer est arrivé à Macao, et aussitôt il a ordonné le départ de l'escadre pour le nord, pour attaquer, disait-on, Amory.

Le 6.

Bayonne, le 5 octobre.

Le sous-préfet à M. le ministre de l'intérieur :

Le capitaine général Ribeiro est toujours à Pampelune. La garde nationale lui obéit. D'Odennell est dans la citadelle. On s'observe. Le général Artigosa fait cause commune avec lui. On parle de quelques défections militaires : une partie de la garnison d'Estella et son chef se seraient prononcés pour Odonnell.

La députation fédérale a dû se réunir extraordinairement hier à Ascoïtia.

Octobre 8.

Bayonne, le 7 octobre.
(Parvenue aujourd'hui à cause de l'état atmosphérique.)

Le général commandant la vingtième division militaire à M. le minisire de la guerre :

Dans la journée du 5, Odonnell ayant reçu un bataillon de renfort, la ville a été sommée de se rendre. Ribeiro a refusé et la citadelle a ouvert le feu. On entendait encore le bruit du canon la nuit.

La brigade Concha a Trafalla s'est prononcée pour Espartero.

Le 8.

Bayonne, le 7 octobre.
(Parvenue aujourd'hui à cause de l'état de l'atmosphère.)

Le sous-préfet à M. le ministre de l'intérieur :

Le 5 au matin, Bilbao s'est déclaré en faveur de la reine Christine. La population, la garde nationale et la garnison, forte de 16,000 hommes, se sont unanimement prononcés. Le commandant de la province Santa-Cruz a seul refusé.

Le 8.

Bayonne, le 7 octobre.

Le sous-préfet à M. le ministre de l'intérieur :

Le général Alcala a rétrogradé de Bergara sur Tolosa. On croit qu'il va retourner à Saint-Sébastien. Tout était tranquille à Madrid le 4 au matin. Le mouvement se propage en Biscaye et dans l'Alava.

Octobre 8.

Toulon, le 7 octobre. (Parvenue aujourd'hui.)

Le préfet maritime à M. le ministre de la marine:

Le général Lamoricière est rervenn le 30 à Mostaganem de Mascara dont il a effectué heureusement le ravitaillement.

Le gouverneur-général est rentré à Mostaganem le 3, il a ramené de son expédition sur le Chélif plus de trois cents prisonniers et un butin considérable pris par sa cavalerie.

Ces détails me sont donnés par le capitaine du *Sultan*.

Le 9.

Toulon, le 8 octobre.

Le préfet maritime à M. le ministre de la marine:

La colonne du général Baraguay-d'Hilliers, partie de Belidah le 27, y est arrivée le 3 après avoir ravitaillié Milianah. L'ennemi ne s'est pas sérieusement opposé à son passage.

Le 10.

Bayonne, le 10 octobre, à huit heures du matin.

Le chef du bureau maritime à M. le ministre de la marine:

On m'écrit du port du Passage, bier soir, ce qui suit: Les opinions sont partagées à Saint-Sébastien. La garnison de la citadelle a cédé un poste à la milice, qui est contraire au mouvement et maîtresse de la ville. Les hostilités sont commencées entre Urbestondo et le général Alcala; ce dernier fait courir le bruit que le mouvement a été compris à Madrid et les principaux instigateurs châtiés, et que Espartero se dirige sur les provinces avec quatorze bataillons et un régiment de cavalerie.

Deux régiments de la garde, sur la frontière de la Navarre, se sont prononcés pour le mouvement.

11 Octobre.

Bayonne, le 11 octobre.

Le chargé d'affaires de France à M. le ministre des affaires étrangères:

Une tentative de soulèvement qui se liait, dit-on, à un projet d'enlèvement de la reine et de l'infante, a eu lieu ici dans la nuit d'hier; la destitution de 88 officiers de la garde et le projet attaché au gouvernement de désarmer cette garde en ont été l'occasion. Le combat s'est engagé au palais entre les gardes et les hallebardiers, soutenus de quelques bataillons de la garnison. L'avantage est resté au gouvernement.

La reine et l'infante se portent bien.

Le 12.

Bayonne, le 11 octobre.
(Parvenue ce soir seulement, à cause de l'état atmosphérique.)

Le général commandant la vingtième division militaire à M. le ministre de la guerre:

Pas d'autres nouvelles de Madrid. Les courriers ordinaires manquent toujours.

Pampelune et Bilbao étaient, le 9, dans la même situation.

Le 13.

Bayonne, le 11 octobre. (Parvenue aujourd'hui seulement.)

Le préfet maritime à M. le ministre de la marine:

Une réaction s'est manifestée à Barcelone.

L'ayuntamiento et la députation provinciale se sont emparés du pouvoir.

Le capitaine de Méléagre a appelé auprès de lui le cerf qui est à Port-Vendres pour l'aider à recueillir les nombreux malheureux qui se réfugient sous le pavillon Français.

14 Octobre.

Bayonne, le 12 octobre. (Parvenue aujourd'hui seulement.)

Le préfet des Pyrénées-Orientales à M. le ministre de l'intérieur :

Le 9 à Barcelone, au départ de la diligence, la garde nationale sous les armes réclamait des arrestations et la démolition de la citadelle. Elle exprimait sa méfiance contre les troupes.

Beaucoup d'arrestations ont déjà eu lieu.

Le 14.

Perpignan, le 12 octobre. (Parvenue aujourd'hui seulement.)

Le général commandant la vingt-unième division militaire à M. le ministre de la guerre :

Bayonne, le 12 octobre.

Le *Constitutionnel* de Barcelone du 11, annonce le départ de Van-Halen pour l'Aragon et son remplacement par intérim par le général Zabola.

La junte de vigilance, composée de patriotes, est installée. Ayerbe a ramené à Sarragosse le deuxième régiment de la garde royale.

Borso di Carminati a été pris.

Le 14.

Bayonne, le 12 octobre. (Arrivée aujourd'hui seulement.)

Le sous-préfet à M. le ministre de l'intérieur :

Les officiers du deuxième régiment de la garde n'ont adhéré à la soumission de leur régiment qu'à la condition de passer en France. On dit que le général Borso, qui avait déterminé leur révolte, a été pendu.

Il n'est point arrivé ici hier de courriers ni de diligence de Madrid.

15 Octobre.

Perpignan, le 11 octobre.

Le général commandant la 21e division militaire à M. le ministre de la guerre :

Le général Van Halen a destitué les commandants de Monjuig, de la Seu-d'Urgel et de Cardona.

Avant-hier il a été décrété que tout militaire qui, par écrit ou par parole, approuverait la rébellion, serait jugé sur-le-champ et puni de mort.

Le 15.

Perpignan, le 13 octobre.

Une junte de surveillance a été créée à Barcelone avant-hier par la municipalité et la députation provinciale. Un bataillon de la garde nationale est de piquet sur la place de la Constitution.

Le 15.

Le préfet des Pyrénées-Orientales à M. le ministre de l'intérieur :

Le 10 on a formé à Barcelone une junte que le *Constitutionnel* appelle du salut public.

Un emprunt a été décrété ; et pour en assurer la rentrée, on refuse des passeports à tout le monde.

La milice occupe les forts et presque tous les postes.

On organise des corps francs dans tous les districts.

De nouvelles arrestations ont lieu, mais aucune exécution.

Van Halen va commander à Sarragosse, Zabala le remplace.

15 Octobre.

(Parvenue aujourd'hui seulement, à cause de l'état de l'atmosphère).

Le chef du bureau maritime à M. le ministre de la marine :

On m'écrit du passage :

La population de Guipuzcoa, réunie à Bergara, a lancé son manifeste, appelant la province aux armes. On s'est battu aujourd'hui à Villafranca, à Saint-Sébastien on croyait que le général Alcala battait en retraite; il a désarmé sa milice de la Tolosa. Saint-Sébastien est très-divisé.

Le 15.

Bayonne, le 12 octobre. (Parvenue aujourd'hi seulement.)

Le sous-préfet à M. le ministre de l'intérieur:

Aucune nouvelle de Madrid.

Hier à deux heures la citadelle de Pampelune a cessé le feu. Le bruit court que la ville a capitulé.

On arme St. Sébastien, où l'on croit que le général Alcala viendra s'enfermer.

Le 17.

Bayonne, 16 octobre.

Le sous-préfet à M. le ministre de l'intérieur :

Pampelune n'a pas capitulé. Le capitaine-général Ayerbe y est arrivé le 12 au matin avec les deux bataillons du deuxième régiment de la garde, que presque tous les officiers ont quitté. Il existe entre la citadelle et la ville une sorte d'armistice. O'Donnell est sorti le 12 au soir pour se joindre à Ortigosa avec 1500 hommes et la députation provinciale, et parcourir la Navarre pour l'insurger. Il doit rentrer du 18 ou 20 dans la citadelle gardée par le bataillon qui a fait le mouvement et 200 volontaires de Pampelune. Le 11 à

Bergara la députation forale a décrété un appel aux armes et a nommé...... commissaire royal du Guipuscoa.

17 Octobre.

Bayonne, le 16. (Parvenue aujourd'hui seulement.)

Le sous-préfet à M. le ministre de l'intérieur :

Il n'y a pas de nouvelles de Pampelune. Les communications sont interceptées par une bande de Christinos qui occupent Lanz.

La douane d'Urdazo s'est réfugiée en France.

On ne sait encore rien de Madrid ; il n'est point arrivé de courrier.

Le 18.

Perpignan, le 15 octobre.

Le général commandant la 21e division militaire à M. le ministre de la guerre :

Des troubles ont éclaté à Cadix. La populace a dévasté l'imprimerie du *Globe* et brûlé le numéro sur la place publique.

Le capitaine-général avait, le 10, pris le commandement de Valence. Il y régnait une grande inquiétude.

200 modérés ont été arrêtés à Barcelone. Il y avait tranquillité matérielle et agitation dans les esprit le 12.

On continue à refuser les passeports pour France. Le *Constitutionnel* du 13 montre de l'inquiétude de l'esprit des soldats, en trop petit nombre, dit-il, pour résister à 12 bataillons de nationaux.

Le 18.

Perpignan, le 16 octobre.

Le général-commandant la 21e division militaire à M. le ministre de la guerre :

D'après le *Constitutionnel* du 14, la junte de vigilance a envoyé les significations d'emprunt. Le journal veut que les impositions pèsent sur les capitalistes ; il est juste, dit-il, que les provocateurs de la guerre en paient les frais.

La junte de vigilance a ordonné la réintégration des employés nommés par celle du gouvernement de 1840, qui depuis avaient perdu leurs emplois.

Il y avait de l'agitation sans trouble matériel le 13 à Barcelone et le 14 à Girone, où l'on a aussi créé une junte de vigilance pour gouverner la province.

18 Octobre.

Bayonne, le 17 octobre.

Le sous-préfet à M. le ministre de l'intérieur :

Madrid était tranquille le 14 et n'avait pas cessé de l'être depuis le 3. Diego Léon a été arrêté et condamné à la peine de mort. Il devait être, dit-on, fusillé le 15. Les arrestations ne sont pas aussi nombreuses qu'on l'avait dit. Il n'y a pas eu d'exécutions.

Le général Rodil marche avec 7000 hommes sur les provinces. Il était le 15 à Castellejo.

Le mouvement christino se propage en Guipuzcoa.

Le 18.

Perpignan, le 17 octobre.

Le général commandant la 21e division militaire à M. le ministre de la guerre :

La junte de vigilance a décrété, le 13, l'arrestation et la confiscation des biens de tous les habitants de Barcelone qui n'y resteront pas sur-le-champ, et la suppression du droit d'entrée des farines. Elle a nommé le receveur de son emprunt forcé. La garde nationale de Sarria a été désarmée, comme n'étant pas assez patriote.

18 Octobre.

Perpignan, le 18 octobre.

Le général-commandant la 21e division militaire à M. le ministre de la guerre :

Le général Seoanne est parti de Valence pour l'Aragon le 11, avec trois bataillons; il y avait de l'agitation à Valence. La garde nationale empêchait les modérés de sortir de la ville. (100 mots, même style, supprimés.)

Le 18.

Bayonne, le 18 octobre.

Le sous-préfet à M. le ministre de l'intérieur :

Le général Alcala, avec ses troupes, craignant d'être coupé par les insurgés du Guipuzcoa, devait rentrer à St. Sébastien hier soir; on dit que la garde nationale est dans l'intention de lui fermer ses portes et de défendre la place elle-même.

Le 18.

Bayonne, le 18 octobre.

Le sous-préfet à M. le ministre de l'intérieur :

Les courriers de Madrid, jusqu'au 12, nous parviennent par Jaca. Le régent a nommé Rodil capitaine-général des armées, et Lorenzo lieutenant-général.

Un conseil de guerre permanant est établi à Madrid; l'ayuntamiento est venu, le 11, solliciter le régent de prendre des mesures énergiques et exceptionnelles. Le général O'Donnell a pris le 15...... de la reine.

19 Octobre.

Bayonne, le 18 octobre.

Le chef de service maritime à M. le ministre de l'intérieur :

Le général O'Donnell se dirige sur les Amescoa pour faire des levées.

Vittoria est garnie d'artillerie.

Urbittondo est à Bergara avec 1,200 hommes et autant de partisans armés.

Le général Alezon occupe Miranda.

Le 19.

Bayonne, le 18 octobre.

Le sous-prefet à M. le ministre de l'intérieur :

Madrid était tranquille le 15. Diego Léon a été fusillé le même jour. Rodil et Lorenzo étaient, le 16, à Aranda avec 9 à 10,000 hommes, marchant sur Vittoria.

Le général Alcala était, le 17 au soir, à Andoain, se retirant devant Urbistondo qui était à Villafranca.

Le 20.

Bayonne, le 18 octobre.

Le sous-préfet à M. le ministre de l'intérieur :

Le 14 le général Ayerbe est sorti de Pampelune pour se porter contre O'Donnell.

Le 20.

Bayonne, le 19 octobre.

Le sous-préfet à M. le ministre de l'intérieur :

On assure qu'O'Donnell a fait sa jonction à Tolosa avec Urbistondo.

Rtufbide s'est réuni à Alcala à Hernani. Leur avant-garde est à Andoain. D'après le journal ministériel L'*Esputadon* du 12, le régent a envoyé à l'infant Don François l'ordre de suspendre son entrée en Espagne.

20 Octobre.

Bayonne, le 19 octobre.

Le sous-préfet à M. le ministre de l'intérieur :

Le 16, O'Donnell s'est emparé d'Ettelbi; Urbistondo était, le 18 au matin, à Tolosa et Alcala à Andoain. Le colonel carliste Lanz parcourt la frontière de Navarre à la tête d'anciens officiers et soldats de son parti pour seconder O'Donnell. Les choses était dans le même état, le 17 au soir, à Pampelune. Ayerbe y est entré et n'a pas marché avec les deux battaillons envoyés contre O'Donnell.

Le 20.

Perpignan, le 19 octobre.

Le général commandant la 21e dvision militaire à M. le ministre de la guerre :

La municipalité de Valence s'est déclarée, le 14, en permanence et gouverne. Elle a décidé la création du 3e bataillon de la garde nationale composé des hommes du port et des matelots du Grao. Chaque alcade établi la liste des suspects de son quartier. Les partriotes seuls peuvent sortir de la ville, l'entrée de la ville a été refusée à 3 compagnies du régiment de Savoie, venant d'Alicante. Le général Seoanne est revenu le 14 au soir à Valence.

Le 20.

Bayonne, le 20 octobre.

Le sous-préfet à M. le ministre de l'intérieur :

Hier à midi Alcala a dû se porter sur Hernani. Il paraît certain que 1500 volontaires de la Navarre ont pris parti pour O'Donnell.

21 Octobre.

Perpignan, le 19 octobre.

Le général commandant la 21e division militaire à M. le ministre de la guerre :

Le *Constitutionnel* du 17 fait un appel aux républicains français pour troubler l'ordre dans notre pays, afin de faciliter l'entrée des Espagnols sur notre territoire. La députation provinciale a envoyé au gouvernement une adresse demandant la destitution des fonctionnaires civils et militaires qui sont à l'étranger.

Le 21.

Perpignan, le 21 octobre.

Le général commandant la 21e division militaire à M. le ministre de la guerre :

La junte de surveillance de Barcelone a retiré les ports d'armes; il ne sera plus délivré de nouveaux qu'à ceux qui en seront dignes. Elle a aboli le droit d'entrée sur les porcs à Barcelone.

Le 21.

Bayonne, le 21 octobre.

Le chef du service maritime à M. ministre de la marine :

Le chef politique du Guipuzcoa annonce qu'un bataillon du régiment de Bomban et un de la milice de Vittoria, se sont soulevés contre l'insurrection dont plusieurs chefs ont été arrêtés : les autres gagnent la frontière. Alcala marche sur Tolosa.

Le 21.

Bayonne, le 21 octobre.

Le sous-préfet à M. le ministre de l'intérieur :

Les troupes en Alava et en Guipuzcoa, officiers et soldats, ont subitement fait leur soumission au régent dans la nuit du 19 au 20. Les populations menacées par Zorbano et Rodil ont aussi reconnu de nouveau le général. Les chefs du mouvement sont en fuite. Plusieurs sont déjà entrés en France, entre autres le marquis d'Alameda.

Montès de Oca a été arrêté à Bargara.

On ne sait encore rien de Navarre ni de Biscaye.

22 Octobre.

Bayonne, le 22 octobre.

Le général commandant la 21e division militaire à M. le ministre de la guerre :

Le général Rodil est entré à Vittoria le 21 au matin, Montès de Oca a été fusillé.

Bilbao a envoyé, le 20, faire sa soumission à Rodil.

Le 22.

Bayonne, le 22 octobre.

Le sous-préfet à M. le ministre de l'intérieur :

Beaucoup d'officiers espagnols réfugiés sont arrivés cette nuit à Sarre. Parmi eux se trouve Urbistondo, deux autres généraux et trois brigadiers. Il arrive à chaque instant de nouveaux réfugiés. Les troupes du régent occupent à présent la frontière de Navarre.

Le 20, O'Donnell a ordonné d'évacuer la citadelle de Pampelune.

Le 22.

Perpignan, le 22 octobre.

Le général commandant la 21e division militaire à M. le ministre de la guerre :

La junte de Barcelone a suspendu avant-hier la formation des bataillons francs; pour ne pas entraver la quinta, elle envoie au régent un million de réaux.

22 Octobre.

Bayonne, le 22 octobre. — Madrid, le 18.

Le chargé d'affaires de France à M. le ministre des affaires étrangères :

La *Gazette* d'aujourd'hui contient un décret qui met en état de blocus la côte de Contarbie depuis Castro de Urdiales jusqu'à Fontarabie, à l'exception de ces deux ports et de ceux de Gaitaria, St.-Sébastien et du Passage.

Le 23.

Bayonne, le 23 octobre.

Le sous-préfet à M. le ministre de l'intérieur :

O'Donnell est arrivé hier à deux heures à Urdax avec 2500 hommes environ. Les généraux Ortigoza et Jaureguy sont avec lui. Le comte de Nonterron et quelques membres de la députation forale sont entrés hier.

Le 27.

Nîmes, le 26 octobre, à neuf heures du matin.

Le préfet du Gard à M. le ministre des travaux publics :

Une crue du Rhône a emporté, dans la soirée d'hier, la digue de Montfaucon, et cette nuit celle de l'abattoir et de Saint-Denis à Beaucaire. La plaine de cette ville à la mer est inondée comme l'année dernière à cette époque.

Je pars à l'instant pour Beaucaire.

27 Octobre.

Avignon, le 26 octob re.

Le préfet de Vaucluse à M. le ministre des travaux publics :

Le Rhône s'est élevé hier à 6 mètres au-dessus de l'Aiage ; la moitié de la ville est inondée et le temps est toujours menaçant. La population est dans la consternation.

Toutes les mesures sont prises.

Le 29.

Bayonne, 28 octobre.

Le sous-préfet de Bayonne à M. le ministre de l'intérieur :

Madrid était tranquille le 25.

Le brigadier Quiroga y Frias a été condamné à la peine de mort.

Le 29.

Perpignan, le 29 octobre.

Le général commandant la 21e division militaire à M. le ministre de la guerre :

La démolition des bastions du roi et de la reine, de la citadelle de Barcelone a commencé le 26 à 9 heures du matin en présence de la junte de vigilance et la municipalité. (75 mots, même style, supprimés.)

4 Novembre.

Marseille, le 1er novembre. — Malte, 26 octobre.

Le consul de France à M. le ministre des affaires étrangères :

Le Great Liverpool est arrivé aujourd'hui à Malte après midi avec la valise de l'Inde et ayant à bord l'ex-plénipotentiaire, capitaine Elliot et le commodore sir James Bremer, rentrant en Angleterre. (70 mots, même style, supprimés.)

4 Novembre.

Bayonne, le 3 novembre.

Le sous-préfet à M. le ministre de l'intérieur :

Un décret daté de Vittoria du 27, supprime les juntes...

(*Interrompue par la nuit.*)

4 Décembre.

Avignon, le 4 décembre.

Le préfet de Vaucluse à M. le ministre des travaux publics :

Le Rhône, très-grand depuis plusieurs jours, a débordé cette nuit et envahi quelques bas quartiers de la ville. Il est à 5 mètres 10 centimètres au-dessus de l'Aiage. La Durance a rompu de nouveau la digue de la prise du canal de l'hôpital. Les eaux couvrent la plaine.

Je vais sur les lieux avec des ingénieurs.

D'après ce relevé de toutes les dépêches publiées dans le *Moniteur universel* de 1841, on voit se dérouler un grand nombre d'événements de toute nature et de la plus haute importance tels que :

La guerre poussée avec vigueur en Algérie, où la présence de LL. AA. RR. les ducs de Nemours et d'Aumale ajoutait un vif intérêt pour le gouvernement et pour le roi.

La guerre civile dans les provinces espagnoles, avec toute espèce de variantes, telles que la conspiration de Diégo Léon, la déchéance de la reine-mère, la nomination d'une régence, etc., etc.

Les nouvelles importantes de la Chine, de l'Egypte, de Buénos-Ayres, du changement de ministres en Angleterre, etc., etc.

Les événements de Toulouse et toutes les mesures auxquelles ils ont donné lieu.

Les inondations du Rhône, de la Saône, de la Durance, désolant plusieurs provinces de France.

Les émeutes de Marseille, de l'Argovie, et une foule d'autres événements plus ou moins sérieux.

Eh bien! pour tout cela l'administration n'a publié que 99 dépêches télégraphiques dans toute l'année!... et sur ces 99 dépêches, je prie de remarquer que 51 ont mis 2, 3, 4 et jusqu'à 6 jours pour arriver à Paris. Pourtant ce n'est pas la longueur de ces dépêches qui aurait dû être un obstacle, puisque, comme on peut le vérifier ci-dessus, deux dépêches seulement ont dépassé le nombre de 300 mots : deux le nombre de 200 et douze le nombre de 100. Toutes les autres se composent de 20, 25, 30, 40 et 90 mots au plus.

Je sais bien que l'administration a dû recevoir et expédier d'autres dépêches qui n'ont pas été publiées, mais elles ont éprouvé, sans doute, les mêmes contrariétés que celles que l'on a fait connaître.

Nous allons reproduire quelques exemples tirées des dépêches ci-dessus pour bien faire ressortir les retards éprouvés.

Janvier.

Une première dépêche partie de Toulon le 27 décembre, n'a pu aller que jusqu'à Lyon, elle a été apportée à Paris par le courrier, le 2 janvier.

(Elle se composait de 57 mots.)

Une autre dépêche, partie de Marseille le 2 janvier, n'est parvenue que dans la journée du 4 à Paris.

(87 mots.)

Une troisième dépêche, partie de Brest le 11 javier, à 8 heures du matin, n'a été reçue que dans la journée du 12 à Paris.

(41 mots.)

Une dépêche partie de Toulon le 15 dans l'après-midi, n'a été reçue à Paris que dans la journée du 17.

(120 mots.)

FÉVRIER.

Une dépêche partie de Marseille le 2, n'a été reçue à Paris que dans la journée du 3.

(105 mots.)

Une dépêche partie de Toulon le 12 n'a été reçue que le 15 à Paris.

(51 mots.)

Une dépêche partie de Calais le 26, n'a été reçue que le 27 à Paris.

(68 mots.)

AVRIL.

Une dépêche partie de Marseille le 4, n'est arrivée que le 6 à Paris.

(60 mots).

MAI.

Une dépêche partie de Toulon le matin du 17, est arrivée le même jour à Paris à 7 heures du soir.

(324 mots.)

C'est un des deux grands tours de force du télégraphe de France, pendant l'année 1841. Mais remarquez que c'était le 17 mai.

JUIN.

Une dépêche partie le 11 de Perpignan, n'est arrivée que le 12 à Paris.

(109 mots.)

Une dépêche partie le 28 de Bayonne, n'a pu arriver que le 29 à Paris.

(46 mots).

Juillet.

Une dépêche partie de Bayonne le 17, n'a pu arriver que le 18 au soir.

(36 mots.)

Remarquez le 18 juillet.

Aout.

Une dépêche partie de Toulon le 31 juillet n'a été reçu à Paris que le 1er août.

(66 mots.)

Une dépêche partie de Bayonne le 11, n'est arrivée que le 12 à Paris.

(46 mots.)

Une dépêche partie le 30, de Calais, n'est arrivée que le 31 à Paris.

(43 mots.)

Remarquez que la diligence de Calais va deux fois plus vite.

Septembre.

Une dépêche partie de Bayonne le 5, n'est arrivée que le 7 à Paris.

(62 mots.)

Octobre.

Une dépêche partie de Bayonne le 5, n'est arrivée que le 6 à Paris.

(74 mots.)

Une dépêche partie de Toulon le 7, n'est arrivée que le 8 à Paris.

(71 mots.)

Une dépêche partie le 11 de Bayonne, n'a été reçue qu'à moitié; elle s'est trouvée interrompue par la nuit du 12.

(45 mots.)

Une dépêche partie de Toulon, le 12, n'est arrivée que le 14 à Paris.
(68 mots.)

Une dépêche partie de Perpignan le 10, n'est arrivée que le 14 à Paris.
(56 mots.)

Une dépêche partie le 11 de Perpignan, n'a pu aller que jusqu'à Bordeaux, elle a été apportée le 15 à Paris, par le courrier.
(90 mots.)

Une dépêche partie le 15 de Bayonne, n'a pu aller que jusqu'à Tours, elle a été apportée le 17, à Paris par le courrier.
(108 mots.)

Une dépêche partie le 15, de Perpignan, n'a pu aller que jusqu'à Dijon. Apportée le 18 à Paris par le Courrier.
(89 mots.)

Une dépêche partie de Bayonne le 18, n'est arrivée que le 20 à Paris.
(30 mots.)

Une dépêche partie de Perpignan le 19, n'a pu aller que jusqu'à Lyon; apportée le 21 par le courrier.
(63 mots.)

NOVEMBRE.

Une dépêche partie de Bayonne, le 3, a été interrompue par la nuit du 4.
(On n'a pu en recevoir que 24 mots en 2 jours.)

Les remarques que nous venons de faire sur un assez grand nombre de dépêches, font voir clairement les lenteurs et les imperfections du système télégraphique actuel; elles montreront suffisamment, du reste, l'urgente nécessité d'une amélioration immédiate.

CERTIFICATS DELIVRÉS A M. GONON,

SUR

SON SYSTÈME TELEGRAPHIQUE,

PAR LES CHEFS DE PLUSIEURS GOUVERNEMENTS ET PAR DIVERS CORPS SAVANTS ET ÉTRANGERS.

Certificat des Généraux en chef du Corps du génie de Moscou.

СВИДѢТЕЛЬСТВО.

1833 года Сентября 23го дня, мы нижеподписавшіеся по приглашенію иностранцевъ Гг. Серведя и Гонона обозрѣвая вновь изобрѣтенный ими Телеграфъ, нашли, что система устроенія его представляетъ всѣ желаемыя условія удобности; ибо при изслѣдованіи нашемъ механизма Телеграфа, мы дѣлали для него задачи различныхъ идей, которыя посредствомъ номерованныхъ знаковъ Телеграфъ составляющихъ, столъ удобно и быстро были онымъ принимаемы, что не болѣе какъ въ пять минутъ мысли сіи уже записывались на бумагѣ, нарочито для настоящихъ опытовъ нами потребованной; посему, введеніе такого рода Телеграфа въ употребленіе, чрезвычайно быстро сообщающаго передаваемыя ему мысли, дѣйствительно должно почитаться не безпо-

TRADUCTION.

Le 23 septembre de l'année 1833, nous soussignés, ayant été invités par MM. Gonon et Servel, à venir examiner le sytème de télégraphe inventé par eux; avons trouvé que ce système offre tous les avantages désirables pour opérer facilement; car après avoir examiné le mécanisme de ce télégraphe, nous lui avons posé plusieurs problèmes à résoudre qui ont été fidèlement rendus par le moyen de signaux représentant des nombres, lesquels correspondaient parfaitement et rapidement avec le dictionnaire télégraphique de ces messieurs, puisqu'en moins de cinq minutes, les phrases données par nous étaient écrites sur le papier choisi par nous spécialement pour ces épreuves.

лезнымъ. О чемъ мы къ чести упомянутыхъ изобрѣтателей и поставляемъ долгомъ симъ свидѣтельствовать.

Корпуса Инженеровъ путей сообщенія
Женералъ Маiоръ DE BUMME I.
Женералъ Маiоръ ЯНИШЪ.
Тайный совѣтникъ
МИХАЙЛЪ БАКУНИНЪ.

Ainsi l'introduction de ce sytème télégraphique, qui transmet aussi rapidement et aussi exactement les idées qu'on lui livre, doit être considérée comme d'une grande utilité, et pour l'honneur des inventeurs ci-dessus nommés, nous nous faisons un devoir de leur délivrer le présent certificat.

Le général major du génie, DE VITTE.
Le général major du génie, YANICH.
Le conseiller d'État, Michel BACOUNIN.

Certificat de S. E. le Dirigeant en chef du Corps des voies de communication de l'empire de Russie.

Chargé, par son excellence monsieur le dirigeant en chef du corps des voies de communication de l'empire de Russie, d'énoncer mon opinion sur le dictionnaire télégraphique de MM. Servel et Gonon, j'ai fait faire, chez moi, une série d'expériences sur l'emploi de ce dictionnaire. Toutes ont réussi au-delà de mon attente. En employant un nombre de signaux au plus égal à celui des mots et des signes de ponctuation compris dans la dépêche; l'un de ces messieurs l'a chiffrée et l'autre l'a reproduite sans la moindre erreur, quelqu'abstrait que fût d'ailleurs le contenu, extrait par moi d'ouvrages scientifiques. Célérité, étendue, exactitude, tels sont les caractères distinctifs du dictionnaire télégraphique de MM. Servel et Gonon, et j'en regarde l'adoption comme promettant les plus grands avantages, toutes les fois qu'il s'agira d'établir des lignes télégraphiques sur de grandes distances, et de transmettre des dépêches longues et multipliées.

Le 17 juillet 1855.

DESTREM.
Lieutenant général au corps des voies de communication.

Résolution du Sénat de l'état de la Louisiane

Extract from the Journal of the Senate.

Wenesday, march 20, 1839.

Resolved, That the senate of the state of Louisiana highly approve and recommend the telegraphic system invented by Mr. Gonon; and that the exhibition of the system before the senate establishes, beyond a doubt, its perfect accuracy.

Resolved, That the secretary of the senate furnish Mr. Gonon a copy of the above resolution.

New Orleans, march 22, 1839.

I certify the foregoing to be a true copy.

Horatio Davis,

Secretary of the senate state of Louisiana.

Extrait du Journal le Sénat.

Mercredi 20 mars 1839.

Résolu que le sénat de l'État de la Louisiane approuve et recommande beaucoup le système télégraphique inventé par M. Gonon, et que l'épreuve de la perfection du système, exécutée en présence du sénat, en rend l'exactitude indubitable.

Résolu que le secrétaire du sénat devra délivrer une copie à M. Gonon de la résolution ci-dessus.

Nouvelle-Orléans, 22 mars 1839.

Pour copie conforme à l'original,

Horatio Davis,

Secrétaire du sénat de l'État de la Louisiane.

Certificat donné par le Sénat et la Chambre des Représentants de l'état de la Louisiane.

New Orleans, 20 march 1839.

We, the undersigned, members of the senate and house of representatives of the state of Louisiana, do hereby certify that we have witnessed a trial of the telegraphic system of Mr. Gonon, and we take pleasure in acknowledging its incontestable value. The words were textually transmitted; the punctuation was observed; the writing was repeated with scrupulous exactness, without

Nouvelle-Orléans, 20 mars 1839.

Nous soussignés, membres du sénat et de la chambre des représentants de l'État de la Louisiane, par ceci certifions que nous avons été témoins d'une épreuve du système télégraphique de M. Gonon, et nous prenons plaisir à reconnaître sa valeur incontestable. Les mots ont été textuellement transmis; la ponctuation a été observée; et la dépêche a été rendue avec une exactitude scrupuleuse,

using more signals than words, and frequently by using less signals than words. We therefore sign this certificate, to be used, if necessary, to recommend Mr. Gonon to the authorities at Washington, it being his intention to offer his system to the general Government.

sans employer plus de signaux que de mots, et fréquemment avec moins de signaux que de mots. Donc, nous signons ce certificat pour servir, s'il était nécessaire, à recommander M. Gonon aux autorités de Washington ; l'intention de M. Gonon étant d'offrir son système au Gouvernement général.

Félix Garcia,
Président du sénat.

Ch. Derbigny.
Richard Winn.
Jas. H. Morse.
John Briscoe.
Marcel Ducros.
A. Hoaff.
H. Lockett.
A. Laforest.
P. C. Bossier.
F. Ciriart.
Geo. K. Rogers.
A. W. Pichot.
Th. W. Scott.
H. N. Douret.
Alex. de Clouet.
Arthur Fortier.
C. M. Garcia.
W. B. Scott.
F. B. Trépagnier.
F. B. de Bellevue.
J. Estévan.
Pierre Porchy.
T. Phelps.
William de Buys.
Jacques Dupré.

Certificat des Chefs de la Douane à la Nouvelle-Orléans.

Custom-house, New Orleans, mai 16, 1839.

Having witnessed experiments made on the system of telegraph, as mentioned on the annexed, we take great pleasure in expresssing our entire conviction in the great utility of its being generally adopted.

Maison de la Douane, Nouvelle-Orléans, le 16 mai 1839.

Ayant été témoins des expériences du système télégraphique de M. Gonon, nous avons grand plaisir en exprimant notre entière conviction sur sa grande utilité, étant généralement adopté aux États-Unis.

Jas. W. Breedlove,
Directeur.

H. D. Peyre,
Officier de marine.

J. Clark,
Major de l'armée des États-Unis.

Certificat délivré par un vote unanime de la Chambre du commerce de la Nouvelle-Orléans.

New Orleans, Chamber of commerce, september 3, 1839.

I hereby certify, on behalf of the chamber of commerce, that Mr. Gonon has exhibited before the members his telegraphic system; and take pleasure in stating that the exhibition was highly satisfactory, furnishing unquestionable evidence of great merit.

Sentences were textually conveyed, the punctuation being strictly observed, and with fewer signs than words.

It being Mr. Gonon's intention to submit his system to the government, the chamber of commerce respectfully recommend it as eminently worthy consideration.

Nouvelle-Orléans, Chambre du commerce, 3 septembre 1839.

Je certifie par ceci, au nom de la Chambre du commerce, que M. Gonon a fait une épreuve de son système télégraphique en présence de tous ses membres; et je prends plaisir à constater que cette épreuve fut hautement satisfaisante, fournissant l'incontestable évidence d'un grand mérite.

Les sentences furent textuellement rendues; la ponctuation strictement observée, et avec moins de signaux que de mots.

L'intention de M. Gonon étant de soumettre son système au congrès général, la chambre du commerce respectueusement le recommande comme éminemment digne de considération.

SAMUEL J. PETERS,
Président.

Certificat délivré par le Président des États-Unis et par les deux Chambres du Congrès à Washington.

Washington, july 30 th. 1841.

We, the undersigned, members of the two houses of congress of the United States, and of the executive department of the government, Hereby certify that we have seen the telegraphic system invented by Mr. Gonon, as made and exhibited at the Capitol and between the Capitol and Bladensburg in the month of july last 1841. All the despat-

Washington, le 30 juillet 1841.

Nous soussignés, membres des deux chambres du congrès des États-Unis et de l'exécutif département du gouvernement, par ceci certifions que nous avons vu les épreuves du système télégraphique inventé par M. Gonon, que ces épreuves ont été faites au Capitole et entre le Capitole et la ville de Bladensburg, au mois de juillet 1841. Toutes

ches transmitted were sent and returned both with the most remarkable rapidity and with invariable correctness both as to the words and the punctuation. In no case were more signs used than words employed in the despatch, and frequently the signals were less than the words employed. We are happy to give our testimory both to the utility, and perfection of the telegraphic system of Mr. Gonon, and as proof of it, we sign this certificate with pleasure.

les dépêches transmises furent expédiées et leurs réponses (l'un et l'autre), avec la rapidité la plus remarquable, toujours avec une exactitude invariable, tant pour les mots que pour la ponctuation. Dans aucun cas, il n'a été employé plus de signaux que le nombre de mots contenus dans les dépêches, et fréquemment les signaux étaient moins nombreux que les mots employés.

Nous sommes heureux de donner notre témoignage, doublement, sur l'utilité et la perfection du système télégraphique de M. Gonon, et pour le prouver nous signons ce certificat avec plaisir.

Ro. Tyler,
Secrétaire privé (pour le président).

Thomas Benton.

W. C. Preston.

W. A. Graham,
Of N. Carolina.

Alexander Barrow,
Of Louisiana.

A. S. Porter,
Of Michigan.

H. Clay,
(N'a pas été témoin des expériences, mais il croit entièrement ce qui est constaté ci-dessus.)

J. C. Bates,
Of Masach.

J. Q. Adams.

Brya y Owsley,
Of Kentukey.

R. M. Clellan,
Of New-York.

A. G. Marchand,
Of Pensylvania.

J. P. Kennedy,
Je n'ai pas vu les épreuves, mais j'ai la plus entière confiance en ce qui est statué ci-dessus.

Francis James.
Of Pensylvania.

William Butler,
Of S. Carolina.

John Taliafero.

John Sandford,
Of New-York.

Ed. D. White,
From Louisiana.

William R. King,
Of Alabama.

A. Mouton,
Of Louisiana.

P. V. Fulton,
Of Arkansas.

J. Clayton,
Of Delaware.

Willer S. Mangum,
Of N. Carolina.

Christophe Morgan.
Of New-York.

John Moore.

James W. Williams.

John Edwards,
Of Pensylvania.

Gal Mc Keim.
Of Pensylvania.

A. Mc Clellan,
Of Tennessée.

Gal Dawson.
Of Louisiana.

Samuel L. Hoys,
Je n'ai point vu d'expériences faites par le système télégraphique de M. Gonon, mais je n'hésite pas à endosser ce certificat en voyant tant de noms respectables qui ont signé.

Certificat donné par M. Canonge, président de la Cour criminelle à la Nouvelle-Orléans.

Nouvelle-Orléans, 6 juin 1839.

J'ai été témoin de quelques expériences faites par M. Gonon, ayant pour but de faire connaître quelques améliorations qu'il aurait introduites dans l'emploi des télégraphes, et, pour rendre hommage à la vérité, je m'empresse de déclarer que rien n'est plus simple, plus prompt, plus clair, plus fécond en grands résultats que son système. Ce ne seront plus désormais des phrases isolées, des avis bien courts que pourra transmettre la machine télégraphique, mais bien des documents de la plus haute importance et de la plus grande longueur, et cela, dans un temps qui n'excédera pas celui qui serait nécessaire pour les livrer à l'impression. Je considère ce plan comme devant offrir des avantages immenses au gouvernement qui l'adopterait, au commerce qui en ferait usage, et je pense que le peuple des Etats-Unis est trop éclairé pour ne pas se hâter de s'approprier une découverte dont l'application, tant sous les rapports politiques que commerciaux, est faite pour contribuer puissamment à sa prospérité future.

Canonge,
Président de la cour criminelle à la Nouvelle-Orléans.

MÉMOIRE

SUR

LES QUESTIONS DE DÉTAIL

DE MON

SYSTÈME TÉLÉGRAPHIQUE.

Dans un premier mémoire sur mon système télégraphique, je me suis abstenu d'entrer dans aucun détail sur les questions nombreuses qui se rattachent à ce sujet, pour ne point abuser de l'attention de mes auditeurs. Aujourd'hui je crois devoir combler cette lacune et chercher à éclairer l'opinion publique, en prévenant, pour les détruire, toutes les objections qui pourraient m'être faites sur ce même système.

Plusieurs personnes, haut placées dans les sciences et dans l'opinion publique, ont bien voulu m'adresser 27 questions qui me semblent résumer à peu près toutes les difficultés de la télégraphie, je vais répondre à ces questions. Les épreuves du télégraphe même confirmeront ensuite toutes mes assertions.

PREMIÈRE QUESTION.

Votre télégraphe peut-il rendre tous les genres de dépêches?

Oui, la combinaison de mon dictionnaire a été faite avec tant de clarté et de simplicité, que l'on ne doit être embarrassé sur aucun point, même dans les dépêches les plus abstraites; j'en ai fait l'essai des milliers de fois sur des sujets pris au hasard, et jamais je n'ai rencontré le moindre obstacle. Depuis plusieurs années je ne m'occupe plus que du soin de rendre les expéditions de plus en plus rapides. Le télégraphe qui marche avec le dictionnaire est également d'une grande simplicité quoique d'une étendue suffisante, et il réunit tous les avantages qui peuvent être attachés à ce mode de correspondance.

DEUXIÈME QUESTION.

D'après votre système pouvez-vous rendre les mots techniques de sciences, d'arts, etc.?

Oui, tous sans exception, même ceux que la nécessité forcerait d'inventer. Ne voulant pas, comme le plus grand nombre de mes devanciers, employer quelquefois vingt signaux pour l'envoi d'un seul nom propre, j'ai fait de cette partie de mon dictionnaire l'objet d'un travail opiniâtre de plusieurs années, et je suis parvenu à expédier tous ces mots avec une exactitude et une célérité inconnues, je pense, jusqu'aujourd'hui. Je ne puis donner une explication satisfaisante sans divulguer un des secrets de mon système. Le fait est que mon télégraphe expédie les noms facilement et correctement; j'en donnerai la preuve quand on le désirera.

TROISIÈME QUESTION.

Votre système emploie-t-il plus de signaux que de mots contenus dans les dépêches?

Non, cependant depuis les premiers essais de télégraphes jusqu'à nos jours, jamais on n'a pu obtenir une correspondance universelle en télégraphie sans employer beaucoup plus de signaux que de mots, et ce défaut a fait rejeter un grand nombre de systèmes. Celui de M. Chappe, qui est un des meilleurs connus, emploie constamment quatre et cinq fois plus de signaux que de mots, aussi quelle lenteur et quelles erreurs n'entraîne-t-il pas ordinairement? Mon système, au contraire, est le seul qui n'exige jamais plus de signaux que de mots dans les dépêches ordinaires, et même souvent, pour ne pas dire toujours, j'ai 10, 20, 30, et jusqu'à 50 signaux pour 0/0 de moins que le nombre de mots contenus dans les dépêches. Je le répète, je m'estime heureux de fournir moins de signaux que de mots, parce qu'en télégraphie c'est un avantage incalculable qui permet la transmission de dépêches très-longues, à une grande distance, en peu de temps. Les inventeurs de systèmes phrasiques me diront peut-être qu'ils donnent des phrases entières avec un seul signal; oui, des phrases de convention. Mais je leur demanderai s'ils pourraient donner une phrase prise au hasard dans un livre quelconque? J'attends leur réponse.

QUATRIÈME QUESTION.

Votre télégraphe expédie-t-il des chiffres?

Oui, tous les chiffres où nombres imaginables, romains et autres, ainsi que les fractions qui se trouvent soit dans un bulletin, un compte, un mémoire, etc. On sait que les chiffres font souvent partie de la correspondance des ministres, des savants, des banquiers, des négociants, etc., j'ai dû porter mon attention sur ce point essentiel.

CINQUIÈME QUESTION.

Votre télégraphe est-il sujet à de fréquentes erreurs?

Non, de tous les systèmes télégraphiques connus, j'ose avancer que le mien ne peut comporter que des erreurs faites volontairement, parce que le corps de mon télégraphe, restant toujours immobile, impose une stricte exactitude. A Washington, aux États-Unis, le célèbre sénateur Benton venait souvent voir mes grandes épreuves; n'ayant jamais vu faire de fautes, il me dit un jour : Vous seriez bien embarrassé si l'on donnait un faux signal, car je vois que vous expédiez toujours juste? — Non, lui dis-je, je vais vous en donner la preuve : et je fis faire un faux signal qui fut redressé de suite. Je ne prétends pas dire qu'il soit impossible que l'inattention, la négligence, la malveillance ne produisent ici des erreurs; mais à moins que les employés ne se mettent tous d'accord, celui de mes télégraphes qui donnerait un faux signal serait remarqué de suite, averti aussitôt par les autres et forcé de se rectifier à l'instant même. Tandis que dans les systèmes de plusieurs inventeurs connus, entre autres celui de la France, on est souvent obligé de recommencer toute la dépêche s'il se glisse une seule faute à cause de l'impossibilité de s'y reconnaître en la traduisant.

SIXIÈME QUESTION.

Votre système est-il apte à rendre correctement tous les noms propres étrangers ?

Oui, je puis les rendre tous sans la moindre difficulté ; je renvoie pour une réponse plus ample aux explications que j'ai données à la seconde question.

SEPTIÈME QUESTION.

Pourriez-vous expédier des dépêches dans d'autres langues, avec votre système tel qu'il est aujourd'hui appliqué à la langue française ?

Oui, cela me serait très facile, car j'ai fait à la Havane des épreuves en quatre langues avec mon dictionnaire français et j'ai expédié plusieurs fois, entre Washington et Bladensburg, des dépêches en français, avec mon dictionnaire télégraphique spécialement approprié à la langue anglaise.

Mais mon système étant adaptable au génie de toutes les langues, on concevra facilement que la langue pour laquelle il a été particulièrement disposé présente des avantages marqués sur les autres, tels que la facilité et la rapidité d'expédition, et qu'un dictionnaire espagnol, appliqué à la langue allemande, par exemple, donnera des dépêches moins promptement que s'il est employé à la langue espagnole.

HUITIÈME QUESTION.

Pouvez-vous expédier des dépêches pendant les brouillards?

Oui et non. Je dis oui, parce qu'il m'est arrivé d'en expédier pendant un brouillard qui n'était pas très-fort, il est vrai, mais qui cependant paralysait aux Etats-Unis, tous les télégraphes des côtes. Le télégraphe de France, par un brouillard semblable, reste quelquefois dix minutes et plus en position sans changer de signal, parce que les employés ne distinguent pas facilement les signaux et que d'un autre côté sa mobilité entière et continuelle laisse de l'incertitude sur l'exactitude de la vision. Mon télégraphe présentant une surface immobile de neuf pieds carrés, est par ce fait très-visible. Son immobilité laisse toujours voir à l'employé les signaux à la même place. Toutefois, je conviens qu'il ne peut fonctionner par un temps très-brumeux.

NEUVIÈME QUESTION.

Votre système peut-il s'adapter à d'autres langues, avec les mêmes avantages que ceux que vous avez en français?

Oui, je puis adapter très facilement mon système à toutes les langues; je citerai seulement pour exemples la langue anglaise et la langue espagnole; le dictionnaire télégraphique que j'ai composé pour la première, offre des avantages que je n'ai pu trouver pour le français, par la raison que la langue anglaise ne présente presque pas de variations dans les verbes et que ses règles souffrent peu d'exceptions.

D'autre part, les mots devant être écrits en espagnol, tels qu'on les prononce, et les terminaisons de ces mots étant généralement régulières, cette dernière langue rendait mon travail facile, tandis que j'ai rencontré dans le français des difficultés sans nombre, particulièrement pour l'expédition correcte des verbes dans leurs variétés de temps, de personnes, de singulier, de pluriel, etc.

La langue italienne, la langue allemande, la langue russe et d'autres, qui renferment peu de difficultés grammaticales, simplifient beaucoup le travail de la télégraphie.

DIXIÈME QUESTION.

Pouvez-vous expédier facilement des dépêches pendant la nuit?

Oui. Mon télégraphe de nuit, le même que celui de jour, présente *à toute heure* les mêmes avantages et donne les signaux avec une précision toujours égale. J'ai disposé pour la nuit un éclairage qui fait apprécier très-exactement tous mes signaux. Cet éclairage se compose de feux fixes et de feux mobiles. La lampe que j'y adapte répand une lumière intense très-visible; elle peut braver l'impétuosité des vents sans jamais s'éteindre.

Pour éviter, en outre, le renversement ou le dérangement de mes lampes mouvantes, j'ai enchâssé ces lampes dans un entourage fixe et solide que les coups de la plus violente tempête ne sauraient ébranler.

Jusqu'ici les inviteurs de télégraphes de nuit n'ont obtenu aucun bon résultat, soit à cause du vice de construction et de l'irrégularité de mouvement de leur machine, soit à cause du grand nombre de signaux qu'ils se trouvaient obligés de fournir pour rendre une très-petite quantité de mots; ces difficultés étaient encore aggravées pendant la nuit par l'extinction des lampes, par le renversement des combustibles et par la défiguration des signaux. Aucun de ces inconvénients n'existe dans mon système. J'avance le fait avec certitude et je suis prêt à le confirmer par des épreuves.

Je sais qu'il reste debout quelques télégraphes de nuit en Amérique, en Angleterre et en Russie pour l'envoi de quelques mots de convention ou autres dans un long espace de temps, mais je ne pense pas qu'on puisse considérer ces faibles moyens de communication comme des systèmes télégraphiques de quelque valeur.

ONZIÈME QUESTION.

Pouvez-vous redresser les fautes des expéditions en supposant qu'il y en ait?

Oui, avec la plus grande facilité; quelque bien réglé que soit un système télégraphique, il y aurait certes de l'imprudence à ne pas prévoir les cas d'erreurs qui peuvent arriver surtout dans l'exercice des premiers temps, il faut donc avoir les moyens de les relever immédiatement; pour cela, j'ai quelques signaux très-marqués qui seront connus de tous les employés et qui frapperont assez leur attention pour les remettre de suite dans la bonne route; je puis cependant avancer qu'à l'aide d'un peu d'habitude, les employés finiront par ne plus se tromper, puisque le télégraphe est si simple qu'un homme de la plus médiocre capacité peut le conduire avec facilité.

DOUZIÈME QUESTION.

Avez-vous les moyens de changer les clefs de votre système ?

Oui, à l'infini ; presque tous les systèmes ont aussi cette facilité. La plupart d'entre eux auraient été devinés si les inventeurs n'avaient pas employé cette espèce de ruse de guerre. Le télégraphe de M. Chappe serait connu depuis longues années si l'on n'avait pas recours à des changements de clefs continuels, précaution qu'on emploie souvent trois fois par jour. Quant à moi, je puis changer les clefs de mon système à volonté et à l'infini plus que tout autre ; mais ces moyens faisant toujours perdre du temps (ce qu'on doit éviter en télégraphie), j'ai visé à en faire le plus rare usage possible. D'après mon système, il sera inutile d'employer ces moyens, parce que mon travail est positivement indéchiffrable.

TREIZIÈME QUESTION.

Pourriez-vous faire servir votre système à la correspondance diplomatique ?

Oui, avec des avantages nouveaux. Dans le cours de mes voyages en pays étrangers, j'ai eu, avec de hauts personnages, de nombreuses relations qui m'ont permis de connaître plusieurs systèmes de correspondances diplomatiques ; quelques-uns de ces systèmes, fort ingénieux, m'ont paru présenter des chances de secret assez sûres. Cependant, je crois qu'avec de la persistance, aucun n'est capable de résister à des recherches un peu approfondies.

Maintenant, comme je le dis plus haut, mon système peut servir à la correspondance diplomatique avec une telle sûreté que les porteurs de ces dépêches pourraient être pris par l'ennemi (je suppose) où même perdre leurs dépêches, sans jamais craindre de les voir déchiffrées par ceux qui les auraient en mains. La correspondance diplomatique, d'après mon système, peut encore être faite sans télégraphe, seulement à l'aide de notes chiffrées que traduit celui qui les reçoit, lequel peut être au bout du monde, s'il est pourvu d'un de mes dictionnaires et s'il en connaît la marche.

QUATORZIÈME QUESTION.

Est-il nécessaire d'employer des hommes instruits pour faire partie de l'administration ?

Oui et non. Je m'explique : L'administration devant être composée de deux espèces d'employés, les uns, les administrateurs en chef et autres doivent être instruits, sinon profondément dans les sciences, du moins complétement dans leur langue, tandis que les employés aux signaux du télégraphe n'ont besoin que de connaître les numéros jusqu'à 79 et de savoir les écrire quand la nécessité l'exige.

QUINZIÈME QUESTION.

Combien votre télégraphe peut-il faire de signaux à l'heure ou à la minute ?

Il est de certaines dépêches qu'on ne peut expédier aussi promptement que d'autres, néanmoins la moyenne, lorsque les employés aux télégraphes sont habiles, est de 10-12 signaux et plus par minute dans les temps convenables. En quelques circonstances, les expéditions peuvent se faire plus rapidement encore, telles sont, par exemple, les annonces au sujet de la Bourse, des fonds publics, le cours des rentes, etc. Mais pour être clair dans cette explication, je dois dire que mes signaux se font en 1-2 et quelquefois 3 mouvements qui ne demandent pas plus d'une seconde chacun. Aux Etats-Unis, par un temps favorable, le premier mouvement d'un signal était répété par la station suivante, avant que le second fût achevé, et ainsi pour le troisième, de manière que mes signaux paraissaient être en mouvement perpétuel; je laisse à penser quelle rapidité on atteint en marchant de la sorte.

SEIZIÈME QUESTION.

Les signaux de votre télégraphe se distinguent-ils bien?

J'ai dit, dans ma réponse à la huitième question, que mon télégraphe ayant une surface immobile de neuf pieds carrés, présente un grand point de visibilité. J'ajouterai que j'ai quatre flèches qui font des révolutions autour de cette surface et qu'elles ont été combinées de manière à s'entr'aider. Pour éviter toute confusion, j'ai fait en sorte que le mouvement des flèches inférieures fut beaucoup moindre que celui des autres (la moitié); ainsi, avec une apparence de complication, mon télégraphe est le plus simple qu'il y ait parmi les complexes.

DIX-SEPTIÈME QUESTION.

Pourrait-on deviner facilement vos signaux et leur signification?

Non, ni l'un ni l'autre; j'ai un nombre de signaux assez considérable (plus de 40,000) pour n'avoir rien à craindre des calculs qu'on pourrait tenter dans l'intention de deviner soit les signaux, soit leur signification; en supposant même que la manière de faire marcher le télégraphe fût connue, on n'en saurait pas d'avantage pour cela que les employés aux signaux; car tout gît dans la combinaison du dictionnaire qui est, j'ose l'affirmer, absolument indéchiffrable dans son application aux dépêches. Moi-même, en voyant jouer mon télégraphe, je ne saurais dire ce qu'il exprime ou désigne si je n'avais pas à ma disposition un de mes dictionnaires pour traduire les signaux en mots; et encore, dans ce cas, faudrait-il qu'on n'eût pas changé la clef pour que j'eusse l'intelligence de ces signaux.

DIX-HUITIÈME QUESTION.

D'après votre système pouvez-vous expédier plus promptement dans certains cas que dans d'autres?

Oui. Dans la quinzième question j'ai à peu près répondu à celle-ci; cependant j'ajouterai encore quelques mots pour compléter l'explication : Les dépêches très-abstraites ou inusitées exigent quelquefois un peu plus de temps que les dépêches ordinaires; mais toutes les formules de chiffres et de fractions, les résultats des opérations de la bourse, peuvent être expédiés avec une très-grande célérité.

DIX-NEUVIÈME QUESTION.

Pouvez-vous instruire en peu de temps les administrateurs et les employés aux signaux?

Oui, en très-peu de temps; le travail du dictionnaire ayant été très-simplifié, il sera facile d'instruire les administrateurs ou chefs de traduction dans l'espace de trois ou quatre semaines, et je suis persuadé qu'après ce temps d'étude ils seront capables de faire expédier et de recevoir toutes les dépêches télégraphiques avec une parfaite exactitude. Quant aux employés chargés d'exécuter les signaux dans les stations, il suffira de quatre leçons d'une heure chacune pour leur instruction complète. J'ai fait mainte fois cette expérience. A mesure que j'imaginais un télégraphe, j'en enseignais les mouvements aux hommes les plus simples que je rencontrais pour voir s'ils les saisiraient aisément. Chaque fois que l'épreuve manquait, je simplifiais de nouveau mon télégraphe jusqu'à ce qu'enfin j'eusse trouvé le juste point que je cherchais et qui devait être à la portée des plus faibles intelligences. Depuis lors, jamais une seule personne n'a hésité à rendre tous mes signaux avec précision après trois ou quatre heures d'étude.

VINGTIÈME QUESTION.

Pourriez-vous expédier une dépêche quelconque plus promptement qu'on ne le fait en France d'après le système en usage ?

Oui, je le pourrais par plusieurs raisons ; la première c'est qu'avec un seul signal j'obtiens souvent 2, 3, 4 et jusqu'à 8 et 10 mots, tandis que par le système usité en France c'est tout le contraire, il faut presque toujours 2, 3, 4 et souvent 8 et 10 signaux pour rendre un seul mot ; je laisse à juger l'énorme différence qu'il y a entre ces deux manières de procéder ! Cette différence en faveur de mon système est quelquefois comme 20 est à 1, si l'on suppose que les signaux de mon télégraphe s'exécutent aussi lentement que ceux des télégraphes de France ; mais si au lieu de donner deux ou trois signaux par minute j'en fais expédier dix ou douze, j'obtiens dans une proportion de trois ou quatre cents pour cent plus de célérité. Si l'on considère en outre que, dans mon système, la composition, l'expédition et la traduction des dépêches ne sont susceptibles d'erreur ni au point de départ, ni au point d'arrivée, on comprendra que cette exactitude invariable fera gagner du temps et que de toute manière une dépêche quelconque doit être rendue plus promptement par mon télégraphe que par celui de l'administration.

VINGT-UNIÈME QUESTION.

Pouvez-vous placer vos stations à de plus grandes distances qu'on ne le fait en France?

Oui, mon télégraphe étant beaucoup plus visible que celui qui fonctionne en France, je peux placer naturellement mes stations à de plus grandes distances. Si des lignes nouvelles sont établies pour réaliser ce que j'ai indiqué dans mon premier mémoire, je profiterai de la distance facultative de ces stations pour en diminuer un certain nombre, et j'obtiendrai par là une économie sur le matériel.

VINGT-DEUXIÈME QUESTION.

Connaissez-vous les causes qui retardent si souvent l'arrivée des dépêches du télégraphe de France?

Oui, je connais ces causes, et je me permettrai d'en signaler deux principales : d'abord une depêche de 50 ou 60 mots exige toujours au télégraphe de France 2 ou 300 signaux, si ce n'est souvent un plus grand nombre. Ensuite les employés qui exécutent les signaux avec une lenteur forcée, inhérente au système, peuvent d'autant moins transmettre des messages de quelque longueur, qu'ils font jouer leur télégraphe pendant cinq ou six heures et même au-delà pour faire passer une trentaine de mots. La preuve de ces assertions est consignée dans le *Moniteur*. Si l'on consulte celui de 1841, on verra, entre autres exemples, qu'une dépêche de 43 mots, partie le 30 août de Calais, n'est arrivée que le 31 à Paris (il est a remarquer que la diligence de Calais va deux fois plus vite). Une autre fois, le 17 juillet (dans le plus beau mois de l'année), une dépêche de 36 mots est expédiée de Bayonne et ne peut arriver que le 18 au soir à Paris. Une autre fois encore une dépêche est expédiée de Toulon le 27 décembre, elle est arrêtée à Lyon et se trouve apportée par le courrier le 2 janvier à Paris; elle ne se composait que de 57 mots. Enfin sur 99 publications télégraphiques pendant l'année 1841, il y en a eu 51 qui ont été deux, trois, quatre et jusqu'à six jours en route; tandis qu'au moyen de mon télégraphe, la plus longue de toutes ces dépêches aurait été rendue en moins d'une heure. Après que l'administration a fait ainsi l'aveu de son impuissance, il m'est bien permis, j'espère, de placer en regard d'un système aussi défectueux que le sien les avantages incontestables de celui que je propose et de solliciter l'attention du gouvernement.

VINGT-TROISIÈME QUESTION.

Combien de temps prendriez-vous pour expédier une dépêche de 500 mots, de Paris à Toulon? (J'ai pris pour exemple la ligne de Paris à Toulon, parce que c'est la plus étendue en France.)

J'ai dit dans mon premier mémoire que mon télégraphe permet l'épédition de 12 ou 13 signaux à la minute, et que ces 12 ou 13 signaux représentent généralement 15 ou 16 mots au moins; or, de

Paris à Toulon il faudrait compter huit ou neuf minutes pour faire parcourir le signal d'annonce sur toute la ligne, et environ trente-quatre minutes pour expédier ensuite la dépêche entière en comptant 15 mots par minute. Voici comment il faut procéder : On donne un premier signal qui veut dire attention, dépêche. (D'après mon système, ce premier signal indique aussi la ville où va la dépêche.) Les employés, aux heures réglées, sont à leur poste et regardent aux lunettes; dès qu'ils aperçoivent le premier signal, ils répondent instantanément l'un après l'autre sur toute la ligne, et comme on peut donner 10 ou 12 signaux par minute, on traverse donc 10 ou 12 stations également par minute. Ainsi, en supposant qu'il y eût 100 stations télégraphiques de Paris à Toulon, elles seraient toutes prévenues en huit ou neuf minutes; une fois ce premier signal parvenu à l'extrémité de ligne, on expédie la dépêche, en comptant 15 mots par minute, ce qui prendrait encore environ trente-quatre minutes pour l'envoi des 500 mots de Paris à Toulon. Je ferai observer que ce calcul peut servir de moyenne pour toutes les directions et de point de départ pour l'estimation du temps de parcours des dépêches suivant leur longueur.

Ainsi, d'après l'exemple que nous venons de donner, on se rendra compte aisément du nombre de minutes que prendrait une dépêche de 30 ou 40 mots expédiée de Paris à Toulon, et dans les mêmes proportions sur toutes les autres lignes.

VINGT-QUATRIÈME QUESTION.

Pouvez-vous expédier les dépêches de la Bourse, avec les chiffres qui n'ont point de signes de séparation d'un nombre à l'autre?

Oui, avec mon télégraphe j'expédie les chiffres, séparés, tels qu'ils ont été donnés; c'est par la nature même des signaux que j'indique que les nombres doivent être séparés sans aucun signe de ponctuation. Pour rendre cette explication sensible, voici un exemple :

Bourse de Paris du 29 *janvier* 1844.

Fonds français (au comptant) :
3 $\frac{0}{0}$, 82 f. 25 20 10 15 5
3 $\frac{0}{0}$ (1844), 00
4 $\frac{0}{0}$, 00
4 $\frac{1}{2}$, 00
5 $\frac{0}{0}$, 124 55 60 55 50 55 45
B. du T. à éch., 3 $\frac{1}{8}$ à 1 m.
A. de la Banque, 3282 58
Obl. de la Ville, 1402 50 1400
R. de la ville de Paris, 105.

VINGT-CINQUIÈME QUESTION.

Pensez-vous que le télégraphe de France soit indéchiffrable ?

Il ne me convient pas de faire connaître le système télégraphique de France ; mais je ne crains pas d'affirmer que ses moyens sont excessivement limités.

VINGT-SIXIÈME QUESTION.

D'après votre système pouvez-vous observer strictement la ponctuation, les alinéas, les soulignés, etc. ?

J'ai compris que pour rendre mon système de télégraphe complet, je devais vaincre la difficulté de la ponctuation et de tous les signes en usage dans les langues. Plus ce travail avait été faible ou négligé dans tous les systèmes précédents, plus je me suis attaché à le remplir, et je crois pouvoir avancer que j'ai résolu ce problème avec exactitude. Que de fois, pour un manque de ponctuation, n'avons-nous pas vu des phrases présenter une toute autre signification que celle qu'on voulait leur donner?

VINGT-SEPTIÈME QUESTION.

Pouvez-vous assurer que par votre système on rend toujours fidèlement les dépêches?

Oui, j'en ai la certitude, fondée sur l'expérience. Si l'on veut suivre la marche que j'ai indiquée, si l'on a soin d'apprendre tout ce qui a rapport aux diverses combinaisons de mon système, je garantis qu'il n'y aura jamais d'erreur de la part des chefs ni des employés.

La simplicité d'ensemble de mon système facilite tellement tous les genres d'écrits, sans en excepter les plus bizarres, j'ai en outre une telle surabondance de signaux, que je puis, indépendamment de mes moyens ordinaires, en appliquer une certaine quantité à un grand nombre de phrases conventionnelles, qui abrégeraient de beaucoup encore les correspondances du gouvernement, du commerce, etc.

TABLE DES QUESTIONS.

PREMIÈRE QUESTION.

Votre télégraphe peut-il rendre tous les genres de dépêches?

DEUXIÈME QUESTION.

D'après votre système pouvez-vous rendre les mots techniques de sciences, d'arts, etc.?

TROISIÈME QUESTION.

Votre système emploie-t-il plus de signaux que de mots contenus dans les dépêches?

QUATRIÈME QUESTION.

Votre système expédie-t-il les chiffres?

CINQUIÈME QUESTION.

Votre télégraphe est-il sujet à de fréquentes erreurs?

SIXIÈME QUESTION.

Votre système est-il apte à rendre correctement tous les noms propres étrangers?

SEPTIÈME QUESTION.

Pouvez-vous expédier des dépêches dans d'autres langues, avec votre système tel qu'il est aujourd'hui appliqué à la langue française?

HUITIÈME QUESTION.

Pouvez-vous expédier des dépêches pendant les brouillards?

NEUVIÈME QUESTION.

Votre système peut-il s'adapter à d'autres langues avec les mêmes avantages que ceux que vous avez en français?

DIXIÈME QUESTION.

Pouvez-vous expédier facilement pendant la nuit?

ONZIÈME QUESTION.

Pouvez-vous redresser les fautes des expéditions, en supposant qu'il y en ait?

DOUZIÈME QUESTION.

Avez-vous les moyens de changer les clefs de votre système?

TREIZIÈME QUESTION.

Pourriez-vous faire servir votre système à la correspondance diplomatique?

QUATORZIÈME QUESTION.

Est-il nécessaire d'employer des hommes instruits pour faire partie de l'administration?

QUINZIÈME QUESTION.

Combien votre télégraphe peut-il faire de signaux à l'heure ou à la minute?

SEIZIÈME QUESTION.

Les signaux de votre télégraphe se distinguent-ils bien?

DIX-SEPTIÈME QUESTION.

Pourrait-on deviner facilement vos signaux et leur signification?

DIX-HUITIÈME QUESTION.

D'après votre système pouvez-vous expédier plus promptement dans certains cas que dans d'autres?

DIX-NEUVIÈME QUESTION.

Pourriez-vous instruire en peu de temps les administrateurs et les employés aux signaux?

VINGTIÈME QUESTION.

Pourriez-vous expédier une dépêche quelconque plus promptement qu'on ne le fait en France d'après le système en usage?

VINGT-UNIÈME QUESTION.

Pouvez-vous placer vos stations à de plus grandes distances qu'on ne le fait en France?

VINGT-DEUXIÈME QUESTION.

Connaissez-vous les causes qui retardent si souvent l'arrivée des dépêches du telégraphe de France?

VINGT-TROISIÈME QUESTION.

Combien de temps prendriez-vous pour expédier une dépêche de 500 mots, de Paris à Toulon?

VINGT-QUATRIÈME QUESTION.

Pouvez-vous expédier les dépêches de la Bourse, avec les chiffres qui n'ont point de signes de séparation d'un nombre à l'autre?

VINGT-CINQUIÈME QUESTION.

Pensez-vous que le télégraphe de France soit indéchiffrable?

VINGT-SIXIÈME QUESTION.

D'après votre système pouvez-vous observer strictement la ponctuation, les alinéas, les soulignés, etc.?

VINGT-SEPTIÈME QUESTION.

Pouvez-vous assurer que par votre système on rend toujours fidèlement les dépêches?

EXTRAIT

DE DÉPÊCHES TÉLÉGRAPHIQUES

PRISES SUR LE GRAND NOMBRE

DE CELLES QUI ONT ÉTÉ DONNÉES A M. GONON, EN FRANCE ET EN PAYS ÉTRANGERS.

(Je fais observer le nombre de mots et de signes de ponctuation de chacune de ces dépêches, pour montrer combien elles ont employé de signaux d'après mon système.)

1833.

Dépêche donnée par MM. les généraux du génie, à Moscou, de Vitte, Yanich et le conseiller-d'état Michel Baccounin.

« La forteresse de *** a été assiégée par l'armée de ***, et après une résistance opiniâtre, le premier fut obligé de se rendre à discrétion. »

Moscou, le 29 juillet de l'année 1839.

(Cette dépêche contient 50 mots et signes de ponctuation, elle fut rendue avec 41 signaux.)

Dépêche donnée à Saint-Pétersbourg, par le lieutenant-général Bazaine.

« Si vous entendez trois coups de canon, vous porterez l'aile gauche de votre division en avant et vous attaquerez le flanc de l'ennemi. »

(Cette dépêche contient 28 mots et signes de ponctuation, elle fut rendue avec 22 signaux.)

Dépêche donnée à Saint-Pétersbourg, par le lieutenant-général du génie Destrem.

« Toute la doctrine sur le centre d'oscillation est fondée sur l'hypothèse suivante : que le centre de gravité commun de plusieurs corps doit remonter à la même hauteur d'où il est tombé, soit que ces corps soient unis ou séparés l'un de l'autre en remontant, pourvu qu'ils commencent à remonter chacun avec une vitesse requise par sa chute. Cette hypothèse a été combattue par quelques auteurs et regardée par d'autres comme fort douteuse. Ceux mêmes qui convenaient de la vérité ne pouvaient s'empêcher de reconnaître qu'elle était trop hardie pour être admise sans preuve. »

(Cette dépêche contient 119 mots et signes de ponctuation, elle fut rendue avec 97 signaux.)

Dépêche donnée à Saint-Pétersbourg, par le lieutenant-général Adlerberg.

« Les hommes de génie ne sont créateurs que pour avoir observé; et réciproquement, ils ne sont observateurs que pour être en état de créer. »

(Cette dépêche contient 27 mots et signes de ponctuation, elle fut rendue avec 22 signaux.)

Dépêche donnée par M. Clay, chargé d'affaires des États-Unis à Saint-Pétersbourg.

« Il est arrivé un navire de Charleston, chargé de sucre, de café, de coton de la Louisiane; ce bâtiment veut repartir avant la gelée de la Néva. S'adresser pour fret et pasage à M. Vilkins, quai Anglais, n° 12. »

(Cette dépêche contient 51 mots et signes de ponctuation, elle fut rendue avec 42 signaux.)

Dépêche donnée à New-Yorck, par M. Hudson, éditeur du journal l'*Express*.

« L'une des villes les plus commerçantes de l'Angleterre est Liverpool; on voit toujours dans son port des navires de toutes les nations, chargés, les uns de coton venu du Brésil, les autres de la même marchandise prise sur les grands marchés de la Louisiane et de la Caroline du Sud. D'autres bâtiments moins grands apportent les denrées coloniales telles que, le café, le cacao, le sucre, les fruits, etc. »

(Cette dépêche compte 89 mots et signes de ponctuation, elle fut rendue avec 72 signaux.)

Dépêche donnée à la Nouvelle-Orléans, par M. Félix Garcia, président du Sénat.

« Quelques banques de New-York ont repris leurs paiements en espèces; il est à présumer que l'exemple donné par cette grande cité ne tardera pas à être imité par les états du sud et de l'ouest. »

(Cette dépêche contient 43 mots et signes de ponctuation, elle fut rendue avec 32 signaux.)

Dépêche donnée par le conseil-général de la seconde municipalité, à la Nouvelle-Orléans.

« Le but de tous les travaux du labourage est de se procurer du pain. Quelque ordinaire que soit cet aliment, l'art de le préparer a eu des commencements très-grossiers et différents progrès, de même que toutes les autres inventions humaines. »

(Cette dépêche contient 47 mots et signes de ponctuation, elle fut rendue avec 39 signaux.)

Dépêche donnée par la chambre du commerce assemblée à la Nouvelle-Orléans.

« Le Mississipi est l'un des plus grands fleuves du monde; depuis l'invention et l'application de la vapeur, il est toujours chargé de steam-boats qui transportent les denrées de l'ouest de plusieurs états : le blé, le lard, le whisky, viennent surtout ici en grande abondance par cette voie. »

(Cette dépêche contient 63 mots et signes de ponctuation, elle fut expédiée avec 51 signaux.)

Dépêche donnée à la Nouvelle-Orléans, par la chambre des représentants de l'État.

« La chambre des représentants demande à M. Gonon, s'il peut expédier des dépêches en anglais aussi bien qu'en français, avec le même nombre de signaux ? »

(Cette dépêche contient 31 mots et signes de ponctuation, elle fut rendue avec 24 signaux.)

Dépêche donnée par M. Breedlove, directeur-général de la douane à la Nouvelle-Orléans, en présence de plusieurs officiers-généraux américains.

« L'armée a besoin de vivres. Envoyez-en immédiatement. »

(Cette dépêche contient 14 mots et signes de ponctuation, elle prit 11 signaux.)

1840.

Dépêche donnée à Washington par le comité du commerce du Sénat.

« Two large ships of war standing east. Deux gros navires de guerre en vue. »

(Cette dépêche, donnée dans les deux langues, contient 16 mots et signes, elle fut rendue avec 15 signaux.)

1841

Dépêche donnée à Washington par le sénateur Benton, et expédiée à Bladensburg.

« Who is now governor general of Canada? »

Réponse immédiate de Bladensburg.

« I believe his name is lord Sydenham, successor of lord Durham. »

(Cette double dépêche contient 21 mots et signes de ponctuation, elle fut expédiée avec 20 signaux.)

Dépêche donnée à Washington par le représentant Buttler, expédiée à Bladensburg.

« What is the news arrived by the Great Western? »

Réponse de Bladensburg.

« The certain success of sir Robert Peel and his party? »

(Cette double dépêche contient 24 mots et signes de ponctuation, elle fut rendue avec 19 signaux.)

Dépêche donnée à Washington par le colonel Todd.

« MM. Brooks, Mc Leod, Willam and col Todd, present their salutations to M. Hancock at Bladensburg. »

Réponse de Bladensburg.

« I felicitate M. Gonon to be in such good company now as col Todd, Brooks, Mac Leod and William. »

(Cette double dépêche contient 45 mots et signes de ponctuation, elle fut rendue avec 39 signaux.)

Dépêche donnée à Washington par l'ex-président des États-Unis J. Q. Adams.

« Who is queen Victoria's prime minister? »

Réponse de Bladensburg.

« Lord Palmerston. »

Ayant reçu dans le même instant la nouvelle du changement de ministère en Angleterre, M. Adams me donna cette seconde dépêche à expédier.

« It is sir Robert Peel? »

Réponse de Bladensburg.

« I was not aware that it was sir Robert Peel? »

(Ces quatre dépêches qui contiennent ensemble 31 mots, dont plusieurs noms propres et signes de ponctuation, furent rendues avec 28 signaux, dans l'espace d'environ 20 minutes)

Dépêche donnée à Washington par le fils aîné du président Tyler.

« The ladies compagnon for february, which has been handed us by M. Hampton, contains a beautiful steel engraving of burns and his hihgland Mary, called. The Regs O'Barley. »

(Cette dépêche contient 36 mots et signes de ponctuation, elle fut rendue avec 31 signaux.)

Dépêche expédiée de Washington à Bladensburg par M. Honon.

« We had but few members of congress this morning, but all those that come were satisfied. — The senate is now discussing the fortification Bill — I have seen, at 3 O'Clock, M. Mouton who has given me an appointment for this evening. — Great News !!! The Bank Bill has passed definitively just now, 25 minutes after five O'Clock, in the senate, 26 to 23. »

Réponse de Bladensburg.

« I thank you very much M. Gonon for all the news, particulary for the Bank Bill? It is enough for to day, Good night sir. »

(Cette double dépêche contient 116 mots et signes de ponctuation, elle fut rendue avec 91 signaux.)

1843.

Dépêches données à la Havane par M. de Garnica, secrétaire-général de la partie politique, et par le commandant Gurrea.

« La division de Vanguardia adelanto. »

« La flotte espagnole est arrivée. »

(Cette double dépêche contient 14 mots et signes de ponctuation, elle fut rendue avec 13 signaux.)

Dépêche donnée à la Havane par les membres de la Junta Royale de Fomento MM Coral, Santo Suares, comte Puentes, (Escobedo) Vignier, Villaroel, etc.

« Il y a des nouvelles de Matanzas qui annoncent qu'une révolte de Nègres a éclaté, et qu'il a fallu envoyer des troupes pour les mettre à la raison. »

(Cette dépêche contient 35 mots et signes de ponctuation, elle fut rendue avec 27 signaux. »

Dépêche donnée à Paris par M. Foy, administrateur en chef des lignes de France.

« Milianah, le 19 septembre, à 6 heures du soir.

« *Le maréchal gouverneur au général Lamoricière.*

« Donner l'ordre au général Tempoure de se porter dans l'*est* jusqu'aux premiers contreforts de l'Ouanseris. Il placera les troupes derrière les hauteurs, il attendra l'effet des opérations que je *vais* entreprendre dans le sud. »

(Cette dépêche contient 68 mots et signes de ponctuation, elle fut rendue avec 67 signaux. Mon cousin, l'aumônier du Roi, qui ne s'occupait de mon système télégraphique que depuis quinze jours, omit le mot *est* qui est souligné, et se trompa de signal en traduisant le mot *vais* à la place duquel il prit le mot *dois.*)

Dépêche donnée par M. Mathieu, membre de la chambre des députés.

« L'astronomie nautique est indispensable à un marin qui veut naviguer avec confiance dans toutes les mers. »

(Cette dépêche contient 18 mots et signes de ponctuation, elle fut rendue avec 14 signaux.)

Dépêche donnée par MM. Mathieu, Bobinet et Seguier, membres de l'académie des Sciences, et nommés par elle, pour examiner mon système.

« Autour du soleil, comme centre, deux grands cercles colorés des teintes de l'arc-en-ciel, rouges en dedans, violets à l'intérieur. »

(Cette dépêche contient 32 mots et signes de ponctuation, elle fut rendue avec 24 signaux.)

Dépêche donnée par M. ***, ancien député.

« *Bourse de Paris, du 29 janvier* 1844.

« Fonds français (au comptant).

« 3 $\frac{0}{0}$, 82 f 25 20 10 15 5
« 3 $\frac{0}{0}$ (1844), 00
« 4 $\frac{0}{0}$, 00
« 4 $\frac{1}{2}$, 00
« 5 $\frac{0}{0}$, 124 65 60 55 50 55 45
« B. du T. à éch., 3 $\frac{1}{8}$ à 1 m.
« A. de la Banque, 3282 50
« Obl. de la Ville, 1402 50 1400
« R. de la V. de Paris, 105. »

(Cette dépêche compte 140 mots et signes de ponctuation, elle a été rendue avec 99 signaux.)

Dépêche donnée par M. ***, élève à lÉ'cole polytechnique.

« On a démontré récemment la relation

$$V \sin x \cos y \, dx = H \, dx + P \, dy + z^2 \, dz + dy \, S \, t \, dx. »$$

(Cette dépêche contient 30 mots et signes différents, elle a été rendue avec 30 signaux.)

Dépêche donnée par M. le professeur Rude.

« La distance du Soleil à la Terre est de 34,500,000 lieues. La révolution annuelle de la Terre se fait en $355^j \, 5^h \, 48' \, 49''$, c'est ce qu'on appelle une année tropicale. »

(Cette dépêche contient 51 mots et signes différents, elle a été rendue avec 44 signaux.)

Dépêche prise dans un journal.

« Monsieur le consul-général de France à Jérusalem, adresse sous la date de Jérusalem 19 décembre, dépêche suivante à M. le le ministre des affaires étrangères.

« *La première partie des réparations décrétées par la Sublime-Porte, à la requête de l'ambassadeur, a reçu son exécution aujourd'hui.* »

(Cette dépêche contient 77 mots et signes, elle a été rendue avec 48 signaux.)

Dépêche prise dans le journal l'*Univers,* le 28 février 1844.

« ITALIE.—Le dimanche, 11 du courant, Sa Sainteté a consacré évêques, dans Saint-Pierre de Rome, les quatre cardinaux dont les noms suivent : LL. EE. Castracane degli Antelminelli, promu à l'évêché de Palestrine; Polidori, à celui de Tarse; Cagiano de Azevedo, à celui de Sinigaglia; et Clarelli Paracciani, aux évêchés réunis de Montefiascone et Corneto. »

(Cette dépêche contient 78 mots et signes de ponctuation, elle fut rendue avec 78 signaux.)

Je ferai remarquer en terminant, que 1° dans les dépêches présentées ici, les auteurs ont voulu introduire toutes les plus grandes difficultés, afin de s'assurer si mon système pouvait les résoudre, et que ces dépêches ont exigé nécessairement un plus grand nombre de signaux que les expéditions ordinaires.

2° Que chaque dépêche nécessite des signaux d'avertissement, et que ces signaux étant les mêmes pour les expéditions courtes et pour les expéditions longues, ce supplément de signaux paraît plus sensible dans les premières que dans les secondes.

FIN.

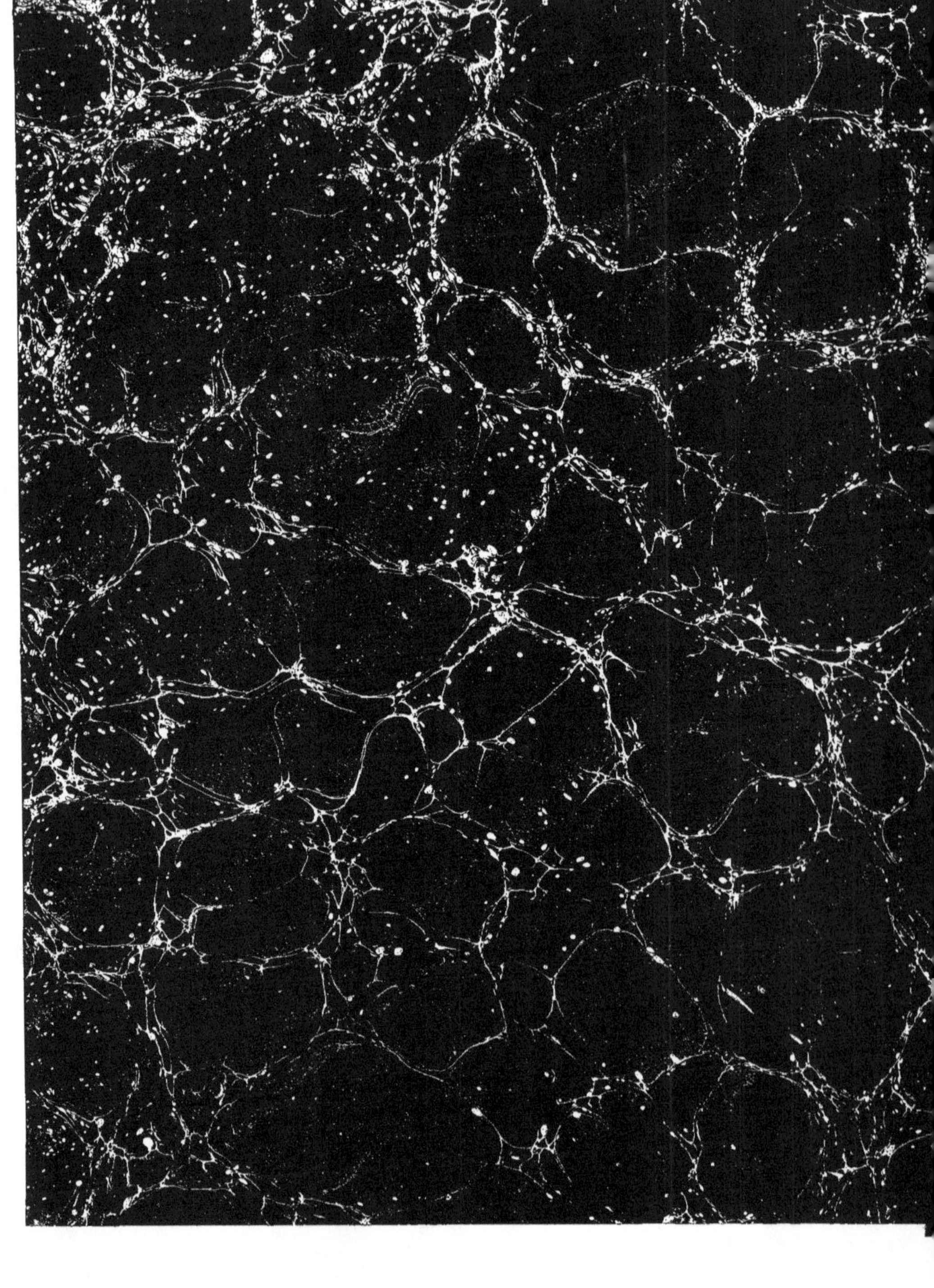

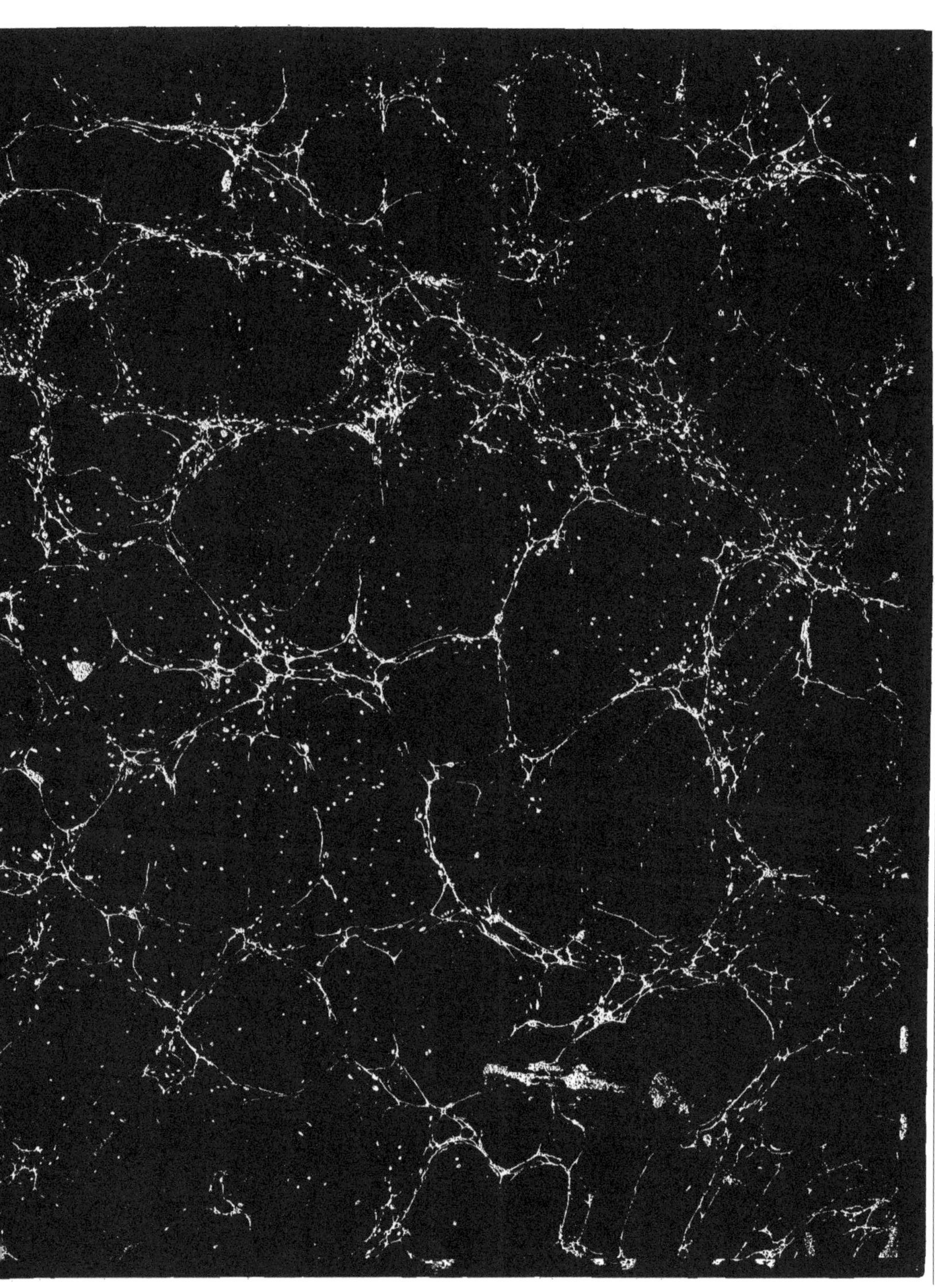

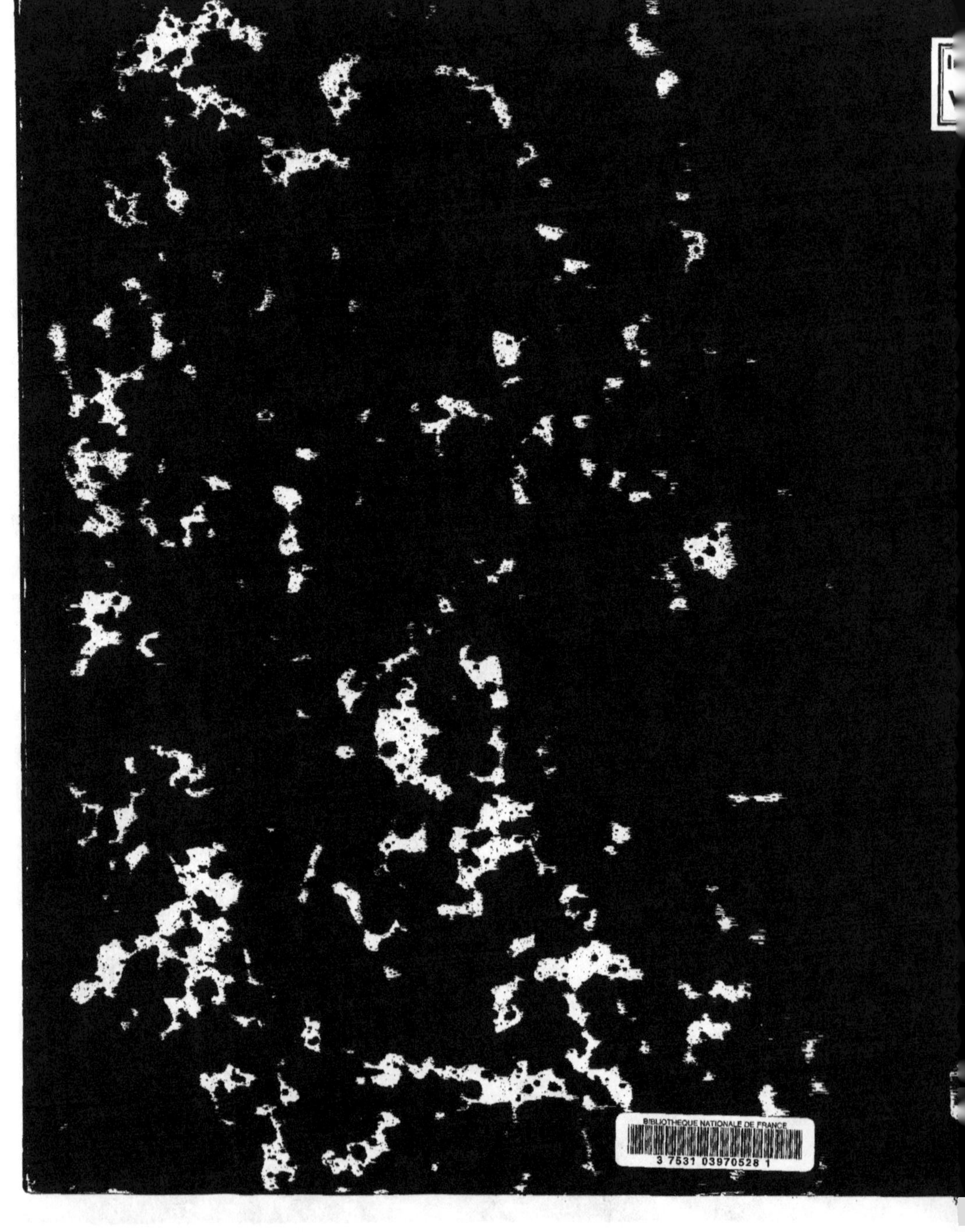

www.ingramcontent.com/pod-product-compliance
Lightning Source LLC
Chambersburg PA
CBHW071202200326
41519CB00018B/5328

* 9 7 8 2 0 1 9 6 0 0 7 6 1 *